我要成为最优秀的男孩

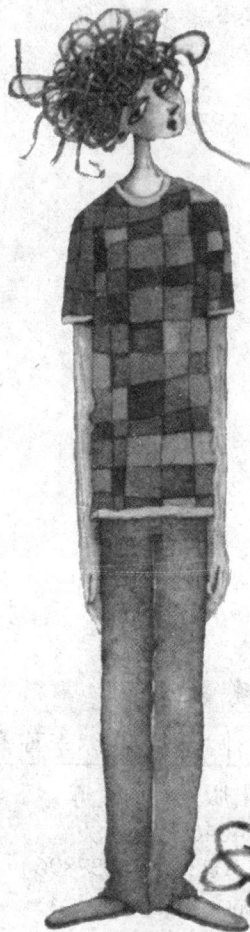

新世纪学生必读书库

吉林出版集团 JILIN PUBLISHING GROUP

吉林美术出版社 | 全国百佳图书出版单位

图书在版编目(CIP)数据

我要成为最优秀的男孩 / 崔钟雷主编 . —长春: 吉林美术出版社,
2009. 11(2011. 1 重印)
　(新世纪学生必读书库)
　ISBN 978 - 7 - 5386 - 3540 - 9

　Ⅰ. 我… Ⅱ. 崔… Ⅲ. 男性 - 成功心理学 - 青少年读物
Ⅳ. B848. 4 - 49

中国版本图书馆 CIP 数据核字(2009)第 189399 号

策　　划:钟　雷
责任编辑:栾　云

我要成为最优秀的男孩

主　编:崔钟雷　副主编:王丽萍　刘　超　李菁菁

吉林美术出版社出版发行
长春市人民大街 4646 号
吉林美术出版社图书经理部(0431 - 86037896)
网址:www. jlmspress. com
北京海德伟业印务有限公司

开本 700 × 1000 毫米　1/16　印张 15　字数 240 千字
2011 年 1 月第 2 版　2012 年 5 月第 2 次印刷
ISBN 978 - 7 - 5386 - 3540 - 9
定价: 29.80 元

前言 Foreword

　　生命如夏花般绚烂多彩，生活如山峰般催人攀登。历史的钟声在新世纪的脉搏中激荡，我们把情感刻入时间的铭文，把奋进划入理想的港湾。成功的号角为有准备的人而吹响，稚嫩的新苗还需要汲取更多的阳光雨露，而书籍，正是成长的指引，力量的源泉。为此，我们精心编写了本套《新世纪学生必读书库》系列丛书。

　　时光淡去了岁月的影子，却留住了幸福的记忆；历史磨灭了沧桑的背影，却留住了伟人的足迹；时代洗去了踟蹰的过去，却留住了奋进的力量。面对挑战，面对希望，面对成功，每一个人都会发出生命的最强音，释放出自己的全部能量。智者的帮助，成功者的指引，是我们前进道路上的捷径。我们翻开书籍，阅读拼搏者的辛勤与骄傲，感受奋斗者的艰苦与温馨，获得心灵的感动和进取的力量，学习爱的意义和生活的真谛，努力开创属于自己的那片天空。

　　本套丛书精心选编了多篇美文佳作，文辞优美、内涵深刻，字字值得品味，篇篇引人思索，让读者与书籍进行一次心灵的对话。丛书具有丰富的阅读性和艺术性，适于启发读者，从中收获生活的意义。

　　书香袭人，沁人心脾；字句珠玉，引人深思。愿本书点亮你智慧的火种，指引你前进的方向，激励你奋进的步伐，成就你美好的未来！

目录

chenggong youduoyuan

2 成 功 有 多 远

rensheng diyitong jinzi

3 人生第一桶金子

xuanze zixin

4 选择自信

乐在奋斗中

假如人人都轻而易举地成功了，那么我们就不是人生的参与者，而是生活的旁观者了。要记住，重要的是追求，而不是到达。

你有没有想要想疯了

王文华

这些年来，很多朋友问我申请斯坦福的"秘诀"是什么。其实我的秘诀，跟斯坦福教我的第一件事一模一样。申请斯坦福的"秘诀"，就跟你追求人生其他很多宝贵的东西，如工作、爱情、婚姻、幸福……一样，就是：你必须想要！非常、非常想要！想要到想疯了！想要到为了得到，付出别人想象不到的努力。大多数时候，我们之所以得不到我们想要的东西，并不是因为我们命不好，而是因为我们没有想要到发疯的程度！

我大学时学文，只零星地修了几堂商业课程。毕业后当兵两年，也没有显赫的工作经验。托福、GMAT 成绩当然不差，但也没有到顶尖的地步。于是大家好奇：斯坦福为什么选我？斯坦福看上的不是我入学时的条件，而是我 MBA 毕业后的潜力。

大学时，我在用功念书之余，写小说、编校刊、演戏、当学生议会的议长、到美国表演舞蹈、到英国参加辩论赛、在公关公司打工……申请斯坦福时，除了标准的申请表，我编了一本名叫《Close - up》的杂志，用图、文把这些经历

全部呈现出来。斯坦福并没有要求我做这个。我做，因为我想进斯坦福想疯了！

你，想疯了没？

成长笔记

其实，许多我们认为得不到的东西，仅仅是由于我们争取的欲望不够强烈。"想要想疯了"实际上就是一种执著，执著是一种强大的力量，可以帮助我们实现自己的理想。当你听到自己坚定地说"我想要"的时候，也就是你即将成功的时候。

乐在奋斗中

威廉·吉尔兰德

　　父亲退休时已有六十多岁了。在那以前，他做了大约三十年的乡间邮差，一个星期有 6 天他都跋涉在佐治亚州东北部的山区里，为人们送信。

　　在他 80 岁生日时，我送给他一封信，信中特别说了几句表示孝心的话。我说我们全家人都希望他身体健康、心情愉快，能够在欢乐中安度晚年。总之，我希望他永远快乐。在信的最后，我建议他和我母亲不要再干活了，应当完全放松自己，好好休息。我认为，父亲操劳了一辈子，现在他们终于有了舒适的家和丰厚的退休金，几乎有了他们想要的一切，应该学学如何享受生活了。

　　后来，父亲回信了。他首先感谢了我的好意，然后笔锋一转："虽然我很感谢你的赞美，但是你让我完全放松自己却吓了我一跳。"父亲承认没有人喜欢走坑洼不平的路，就像他走了 30 年的崎岖山路那样，"但是如果我们事事都顺心如意，从来都碰不到困难的话，那或许是世界上最糟糕的事了。"

　　父亲在信中写道："人生的意义不在于马到成功，而在于不断求索、奋力求成。每一件有意义的事都需要我们用坚强的信念去完成，这样，我们的生活才会更加充实，意志才会更加坚定。"

　　从流畅的行文中，我似乎看到了父亲写信时高兴的表情，"我们一生中最美好、最

愉快的日子，不是还清了所有欠款的时候，也不是我们真正得到这套靠血汗换来的住所的时候，这些都不是。我记得在很多年前，我们全家挤在一套很小的住宅里，为了糊口，我们拼命工作，根本分不清白天还是黑夜。你还记得吗？我最多每天只睡四个小时。直到现在，我都不明白当时为什么不知道什么叫累，为什么会觉得生活是那么美好。我想大概是因为我们那时是在为生存而奋斗，是为保护和养活我们所爱的人而拼搏吧。

"在奋斗中求成功。我认为最有意义的，不是那些获得成就的伟大时刻，而是那些小小的胜利，或是那些遇到挫折、僵局甚至失败的时刻。我想，假如人人都轻而易举地成功了，那么我们就不是人生的参与者，而是生活的旁观者了。要记住，重要的是追求，而不是到达。"

成长笔记

成功固然重要，但对于人生来说，更具意义的是努力奋斗的过程。不经过痛苦的蜕变，蛹永远成不了美丽的蝴蝶！同样，不经过挫折的打磨，人也不会成为真正的强者。

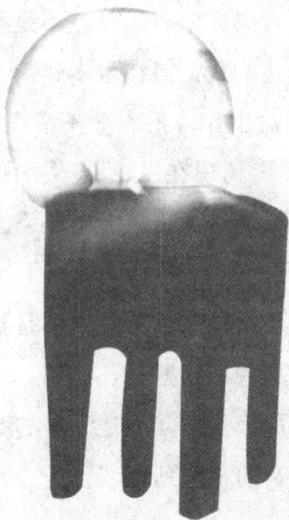

不要熄灭心中那盏灯

晓 艳

青年时，席政在陕西省建工局下属某厂从事铸造水泥多孔板的工作，一天干下来，浑身都散了架，躺在床上就像死了一样。在这种状态下，他却仍旧做着大学梦，每天晚上都坚持自修。午夜12点了，他头上放块湿毛巾，还在不要命地学习。

一年后，他终于如愿考上了成都电讯工程学院。

四年后，席政完成了学业，并与一位美丽的四川姑娘相恋。两个人都想留在成都，但成都人说，女方是成都人，可以留在成都，但他不行，因为他是西安考来的学生。两个人为了留在一个城市，便回到西安。西安人又说，男方是西安考走的，留在西安可以，但女方是四川人，想留西安不行。面对当时这种让人难以理解又哭笑不得的政策，两个人没办法，只好回到渭南工作。然而，席政并未就此降低目标，他在自己的工作岗位上，继续电讯

工程专业的自修深造，不断攀登科学高峰。几年后，他成了陕西"十佳青年"。又过了几年，他凭着自己的超常才能，调到了北京，并且在科技领域不断前行，后来担任了北京航天指挥控制中心主任这一重要职务。"神舟六号"上天有好几个控制中心，但都是在北京航天指挥控制中心控制之下。所以，席政实际上就是"神舟六号"上天的总指挥之一。

成长笔记

　　无论在哪里，无论遇到什么困难与挫折，都不要熄灭心中那盏灯，它是梦想，是希望，是指引生命航程的导航仪！所以请不时地为那盏灯加上一点儿油，因为有了那盏灯，我们才能走得更远。

人生的柠檬

崔鹤同

美国佛罗里达州的一位农夫花巨资买下了一片农场之后，突然发现自己上当了，因为这里无论是栽培果树还是养猪都是不可能的。这里盛产的唯有一些小橡木及响尾蛇。

失望之余，他突然灵机一动，想到了把这些看似无用的东西换成财富的办法，那就是善用这些响尾蛇。

这简直是异想天开，但他真的开始制造响尾蛇肉罐头。几年后，他的生意异常红火，每年到农场参观的有数万人。从响尾蛇毒牙抽取的毒液卖给研究所作抗毒剂研究；蛇皮是妇女鞋子或手提包的材料，被高价出售；蛇肉罐头也深受消费者喜爱而行销世界各地，连村名也改成"佛罗里达响尾蛇村"了。

古希腊人有一句名言："在最艰难的环境中，往往蕴涵着最美的生命价值。"美国加利福尼亚州的一位模特儿在 1980 年出了车祸，摔断了她生命中至关重要的两条腿。然而，她并没有因此而感到人生无望，而是充满信心地关注周围的事情。

当她以轮椅代步时，她发觉所使用的轮椅很不方便，就找了两位从事工程

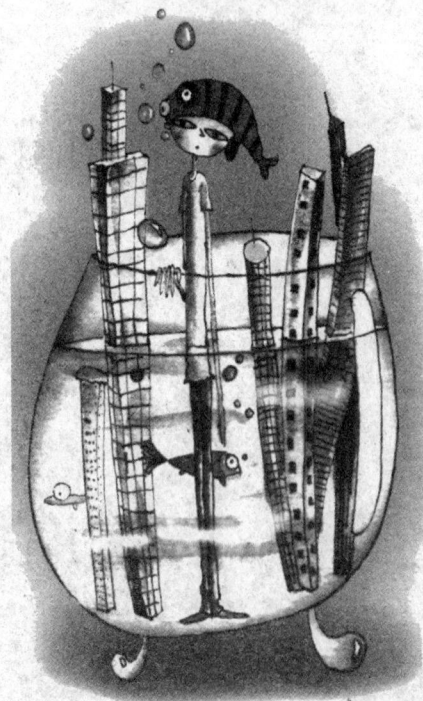

技术工作的朋友改良其功能，将它变成非常好用的轮椅，并推销给残疾者使用。才不过两三年时间，她的公司就成了加州创业成长最快的公司，这是许多人意想不到的。

我们的生活并非总是阳光灿烂、春风荡漾，时不时会有乌云密布、寒风凛冽，这就需要我们从容不迫、勇敢沉着、坚定不移地走向未来。历史上的许多伟人就是在逆境中创造了奇迹。

世界著名小提琴家欧尔·鲍尔有一次在巴黎的音乐会上演奏时，突然一根弦断了，但他却利用剩下的琴弦从容地完成了演奏。亨利·佛斯迪克说："这就是人生，缺陷也能谱写出优美的乐章。"当命运交给你酸柠檬时，你应努力把它变成可口的柠檬汁，这才是独具韵味、充满胜利的人生。

成长笔记

生活中有太多的偶然与不幸，难以预料，无法避免。而这些并不是最糟糕的，最糟糕的是被这些不幸击败、打倒，失去了勇气与执著，再也爬不起来。

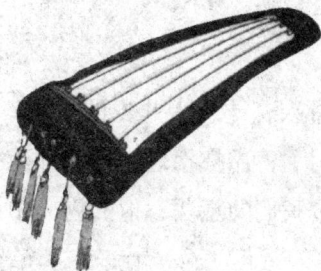

太阳每天都从我的窗前升起

他 他

对于我们每个人来说，生活似乎都是枯燥乏味、单调无趣的。我们每天都在同一时间起床、吃饭、上班，每天都面对相同的面孔，做同样的工作，甚至重复相同的话语，做同样机械的动作。因此，我们当中很多人活得都不怎么起劲，我们慵懒、散漫，甚至消极、颓废，内心中充满了悲观情绪。

可是，一位盲人却改变了我对生活的全部看法，使我从头到脚焕然一新，像变了一个人似的。

这位盲人是我的邻居。

他是一位非常年轻的盲人，才二十几岁的年纪。在他 16 岁正值花季的时候，因为意外双目完全失明了，靠拄拐杖一寸一寸地探寻着才能走路，生活很难自理，日子过得艰难。按我们的想法，他的内心中肯定非常痛苦，充满了悲伤和忧郁。

然而，不！

有一天，我家里一下子来了7个亲戚，地毯上都睡满了人，但还是住不开。天又太晚了，附近的旅店也肯定都关门了。没办法，我只好去敲这位盲人邻居的门，打算先借宿一夜，明天再说。这位盲人邻居很热情，摸索着替我铺好了床，摆好枕头，听着我睡下了，才闭灯出去。

可是，躺在床上，我翻来覆去地久久不能入眠。这么年轻，这么善良，却双目失明，老天爷对他实在是太不公平了。我不禁替他惋惜，心中充满了怜悯之情。他的心里，也一定非常孤寂吧？就是在刚才，我还想安慰他几句，可是，看他见有人来了乐颠颠的样子，就闭上了口，没好意思把到了嘴边的话说出来。

第二天早晨，我还在睡梦中，忽然被一片刺眼的阳光给晃醒了。睁开眼睛一看，原来是那个年轻的盲人拉开了窗帘。我睡得太死，不知道他是什么时候进来的，也不知道他是什么时候起来收拾停当的。此刻，他正站在窗前，推开了窗子，对着正在东升的旭日，大口地吸了一口气，坚定而又自信地说道："多好，太阳每天都从我的窗前升起！"

我不禁一下被惊呆了。

半晌，我才反应过来。

我忽然明白了，需要怜悯需要安慰的人不是他——那位双目失明的年轻人，而是我们自己。我们每天都看着太阳从东方一点一点地升起来，却从来也没有感到过万分欣喜。同样的太阳，对于我们来说，只是升在眼中，可是对于他来说，却是升在心里。

乐观和悲观，其实只有一线之隔。我开始为自己昨天夜里那种肤浅的想法感到羞愧不已。

而今，每天早晨起来，我都会像那盲人一样，飞快地打开窗帘，然后，推

开窗子，面对着东升的旭日，大口地吸一口气，坚定而自信地面对这个令我充满快乐的世界说道：

"多好，太阳每天都从我的窗前升起！"

成长笔记

文中年轻的盲人虽然看不见，但他仍然能够感受到太阳的温暖；虽然遭遇了不幸，但他仍然保持着乐观的心态。生活其实赋予了我们很多，善于发掘身边的快乐，我们的生活就会多姿多彩。

要活在巨大的希望中

亚历山大大帝给希腊世界和东方世界带来了文化的融合，开辟了一直影响到现在的丝绸之路的丰饶世界。据说他投入了全部青春活力，在出发远征波斯之际，曾将他所有的财产分给了臣下。

为了登上征伐波斯的漫长征途，他必须买进种种军需品和粮食等物，为此他需要巨额的资金，但他几乎把珍爱的财宝及所有的土地都给臣下分配光了。

群臣之一的庇尔狄迦斯深以为怪，便问亚历山大大帝：

"陛下带什么起程呢？"

对此，亚历山大回答说：

"我只有一个财宝，那就是'希望'。"

据说，庇尔狄迦斯听了这个回答以后说："那么请允许我们也来分享它吧。"于是他谢绝了分酬给他的财产，群臣中的许多人也仿效了他的做法。

我的恩师，户田城圣创价学会第二代会长，经常对我们青年说："人生不能无希望，所有的人都是生活在希望当中的。"假如真的有人生活在无望的人生当中，那么他只能是失败者。人很容易遇到些失败或障碍，于是悲观失望，被挫折压下去；或在严酷的现实面前，失掉活下去的勇气；或恨怨他人，结果

落得个唉声叹气，牢骚满腹。其实，身处逆境而不丢掉希望的人，肯定会找到一条活路，在内心里也会体会到真正的人生欢乐。

保持"希望"的人生是有力的；失掉"希望"的人生，则会通向失败之路。"希望"是人生的力量，在心里一直抱着"美梦"的人是幸福的。也可以说，抱有"希望"活下去，是只有人才被赋予的特权，只有人，才能面向未来的希望之"光"，才能创造自己的人生。

走在人生这个征途中，最重要的既不是财产，也不是地位，而是在自己胸中像火焰一般燃烧起的信念，即"希望"。因为那种毫不计较得失、为了巨大希望而活下去的人，肯定会生出勇气，不被困难吓倒；肯定会激发出巨大的激情，闪烁出洞察现实的睿智之光。终生怀有希望的人，才是具有最高信念的人，才会成为人生的胜利者。

成长笔记

我们会失败，也会沮丧，但不能没有希望。希望是人心力量的源泉，失去了它，我们就失去了导向，从而陷入迷茫彷徨的境地。所以，请珍视希望，坚信希望，为希望而奋斗，你会在希望之光中走向成功。

一夜解开千年难题

江 玲

在 1796 年的一天，德国哥廷根大学，一个 19 岁的青年吃完晚饭，开始做导师单独布置给他的每天例行的三道数学题。

青年很有数学天赋，因此，导师对他寄予厚望，每天给他布置较难的数学题作为训练。正常情况下，青年总是在两个小时内完成这项特殊作业。

像往常一样，前两道题目顺利地完成了。第三道题写在一张小纸条上，是要求只用圆规和一把没有刻度的直尺做出正十七边形。青年没有在意，像作前两道题一样开始做起来。然而，做着做着，青年感到越来越吃力。开始，他还想，也许导师见我每天的题目都做得很顺利，这次特意给我增加难度吧。但是，随着时间一分一秒地过去，第三道题竟毫无进展。青年绞尽脑汁，还是想不出现有的数学知识对解开这道题有什么帮助。

困难激起了青年的斗志：我一定要把它做出来！他拿起圆规和直尺，在纸上画着，尝试着用一些超常规的思路去解这道题。

当窗口露出一丝曙光时，青年长舒了一口气，他终于做出了这道难题！见到导师时，青年感到有些内疚和自责。他对导师说："您给我布置的第三道题我做了整整一个

通宵，我辜负了您对我的栽培……"

导师接过青年的作业一看，当即惊呆了。他用颤抖的声音对青年说："这真是你自己做出来的？"青年有些疑惑地看着激动不已的导师，回答道："当然。但是，我很笨，竟然花了整整一个通宵才做出来。"导师请青年坐下，取出圆规和直尺，在书桌上铺开纸，叫青年当着他的面做一个正十七边形。

青年很快做出了一个正十七边形。导师激动地对青年说："你知道不知道，你解开了一道有两千多年历史的数学悬案？阿基米德没有解出来，牛顿也没有解出来，你竟然一个晚上就解出来了！你真是天才！我最近正在研究这道难题，昨天给你布置题目时，不小心把写有这个题目的小纸条夹在了给你的题目里。"

这个青年就是数学王子高斯。

有些事情，在不清楚它到底有多难时，我们往往能够做得更好，这就是人们常说的无知者无畏。

成长笔记

当我们不了解面对的困难时，往往有信心将它克服，但随着认识的深入，信心就可能减退或发生动摇。如果我们心里产生了恐惧，又怎么有勇气战胜困难呢？所以良好的心态永远是最重要的。

一个平常的故事

张林薇

冬天时我回家，母亲告诉我祥死了。我吃了一惊，那个拄着拐杖踽踽独行的影子出现在了眼前。

祥小时候是个健康健全的孩子，有一次爬树摔了下来，从此就拄上了单拐。祥拄着拐杖勉强念到初中就辍学回家了，家徒四壁的他迷恋上了画画。而那时我中学毕业在家务农的二哥也正在狂热地钻研书画，并且达到了废寝忘食的地步。

天道酬勤，他们的画被选进了乡文化站的橱窗里。一种成就感激励着他们，他们期待有一天祖辈沿袭的宿命能有一个改观。

还没等到机会来临，他们的命运就因为一个看似偶然其实必然的原因在一个岔路口分道扬镳了。那是两个乡村青年第一次到县城。他们先到新华书店买了几本书，然后不经意地走到县文化馆的门前，里面正举行一个职工书画展，他们走了进去，一幅不落地看完了那些字画。走出大门时，二哥摸摸路旁一排冬青树的叶子，充满神往地说："将来要能到这里来工作就好了。"而祥却拄着拐杖站在冬青旁说了一句话："还画什么劲呢？再怎么画，咱也赶不上人家的。"

祥就以这句话为他几年的梦想

和追求画上了句号，一次县城之行，让他增长了见识，也让他一下子丧失了所有坚持的信心和勇气，他回到家后就收起了纸和笔。二哥独自坚持了下来，两年后他成了文化馆的一名正式职工。谈不上事业有成，他只是过上了自己想要过的生活。

祥的故事向我们展示了一个比贫困还要可怕的东西，那就是自卑，有时候扼杀一个人的梦想、打垮一个人的精神的，不是贫困，不是恶劣的环境，也不是别的什么坚硬的东西，而恰恰是来自自己心底的卑微感。

成长笔记

贫穷也好，困顿也好，都可以通过不懈的努力去改变。而自卑，会使一个人丧失斗志和信念，最终在成功面前止步。因此，不论境遇如何，不论命运如何，请保持乐观的心态，高昂着头去迎接生命中的困苦与挑战。

不要为小事烦恼

费 霞

这是由一名美国青年罗勃·摩尔讲述的故事：

1945 年 3 月，我在中南半岛附近约八十四米深的海下潜水艇里，学到了一生中最重要的一课。

当时我们从雷达上发现了一支日本舰队朝我们开来，我们发射了几枚鱼雷，但没有击中其中任何一艘军舰。这个时候，日军发现了我们，一艘布雷舰直向我们开来。三分钟后，天崩地裂，6 枚深水炸弹在潜水艇四周炸开，把我们直压到海底约八十四米深的地方。深水炸弹不停地投下，整整持续了 15 个小时。其中，十几枚炸弹就在离我们十五米左右的地方爆炸。真危险呀！倘若再近一点儿的话，潜艇就会被炸出一个洞来。

我们奉命静静地躺在自己的床上，保持镇定。我吓得不知如何呼吸，我不停地对自己说：这下死定了……潜水艇内的温度高达摄氏 40 度，可我却怕得全身发冷，一阵阵冒虚汗。15 个小时后，攻击停止了，显然是那艘布雷舰用光

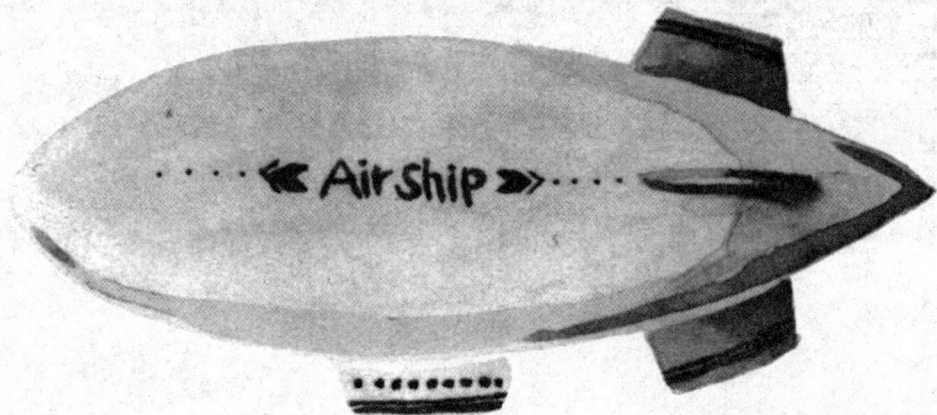

了所有的炸弹后开走了。

这15个小时，我感觉好像有1 500万年。我过去的生活——浮现在眼前，那些曾经让我烦忧过的无聊小事更是记得特别清晰——没钱买房子，没钱买汽车，没钱给妻子买好衣服，还有为了芝麻小事和妻子吵架，还为额头上一个小疤发过愁……

可是，这些令人发愁的事，在深水炸弹威胁生命时，显得那么荒谬、渺小。我对自己发誓，如果我还有机会再看到太阳和星星的话，我永远不会再为这些小事忧愁了！

这是经过大灾大难才悟出的人生箴言！

在美国科罗拉多州长山的山坡上，有一棵大树，岁月不曾使它枯萎，闪电不曾将它击倒，狂风暴雨不曾将它动摇，但最后它却被一群小甲虫的持续啃咬给毁掉了。人们有时不会被大石头绊倒，却会因小石子而摔倒。

人生短暂，记住不要浪费时间去为小事而烦恼。

成长笔记

不要让小小的烦恼吞噬你的心，因为它会影响你的好心情，甚至会毁掉你的生活。积极乐观地面对一切，让自己拥有良好的心态并保持足够的信心和勇气，你就会发现人生的美好。

弦

[俄罗斯] 帕乌斯托夫斯基　曹威凤　编译

炮弹的碎片打断了小提琴上的弦。只剩下一根，最后的一根。琴师叶戈罗夫没有备用的弦，又无处可以弄到新的，因为事情发生在 1941 年的埃泽尔岛上。在这块不大的土地上，苏军战士一次又一次地击退了德国人接连不断的进攻。

战争爆发时几个苏联演员（有男的也有女的）正好在埃泽尔岛上。白天，男演员就和战士们一起挖战壕，打退德国人的进攻；女演员们则为伤员包扎伤口，给战士们洗衣服。夜间，如果没有战斗，演员们就在小小的林间空地上举行音乐会。

"很好，"你会说，"在黑暗中当然可以听歌或者听音乐，但演员们有什么办法能够做到在夜间的森林中演出——黑暗中观众能看到什么呢？"

然而，战争的岁月和夜里没有灯光的环境却激发了人们的想象力。演出一开始，观众就将手电筒的一束束细细的光线投射到演员身上。这些光就像小小的火鸟一样，追随着每一个念台词的演员，在他们的脸上飞来飞去。

但叶戈罗夫却从未感觉过观众投射的手电筒光，他总是在黑暗中演奏。出现在他眼前的唯一的光点是一颗星星，它躺在大海的边上，就像一座被人遗忘的灯塔。

提琴的弦断了，叶戈罗夫再也不能演出了。在事情发生后的第一

次夜间音乐会上，他就把这事告诉了看不见的观众。突然，从树林的黑暗处，一个年轻的声音似乎不太有把握地回应说："帕格尼尼用一根弦也可以演奏的……"

帕格尼尼！难道叶戈罗夫可以和他——一位伟大的音乐家相比吗？

但他终于还是慢慢地把提琴举到了肩上。星星静静地在海湾的边上闪烁，一切都和平常一样。叶戈罗夫开始演奏。出乎意料，这一根弦上开始响起悦耳的声音，这声音是那样的有力，又是那样的温柔，就像全部琴弦都完好无缺时所能发出的声音那样。

在战斗的短暂间歇中，在散发着杜鹃花的香气的荒凉的森林里，响起了柴可夫斯基的旋律，这旋律越来越响亮，令人陶醉，让人忧伤，甚至使人感到难以承受，就像心快要炸裂了一样。

这最后一根琴弦，终因承受不住声音的力量而绷断。手电筒的光束立刻从叶戈罗夫的脸上飞到提琴上。提琴沉寂下来，久久的再也没声响，手电筒的光熄灭了。只听到听众的叹息声。

我讲的是一件真实的事，因而让你失望了，使你没有等到那巧妙虚构的结局。叶戈罗夫已经没有东西可以用来演奏了，他成了一个普通连队的一名普通战士。在一次夜间战斗中，这位苏军战士为祖国献出了生命。

他被埋葬在粗糙的沙土里。天空星星点点地下起了雨，大海雨雾蒙蒙……

战士们把叶戈罗夫的提琴装进

套子，用一条旧毛毯包裹起来缝好，把它转交给飞往列宁格勒的飞行员。飞机一起飞就立刻刻爬高，以躲开德国人的高射炮弹。

在列宁格勒，飞行员将提琴送到一位著名指挥家那里。指挥家用两个指头拿起提琴，把它举在空中掂量了一下，微笑了。这是一把意大利提琴，因为年代太久而且又演奏了多年，已经失去了应有的重量了。

"我将把它转交给我们乐队里最好的提琴手。"指挥家对飞行员说。

这把提琴现在在哪里，我不知道。但是，无论它在什么地方，它都会奏出美妙的旋律，这些旋律定是为我们所熟悉，被我们所喜爱，就像普希金、莎士比亚和海涅的每一句话都为我们所熟悉喜爱一样。它演奏着柴可夫斯基的旋律，使听众的心因感到骄傲而震动，他们为自己国家的天才而骄傲，为人类的天才而骄傲。

成长笔记

技巧不能决定一切，用心才是最重要的。如果一个人所从事的事业是高尚的，那么他就能唤起人们的共鸣。所以无论他手中所拿的是小提琴还是步枪，他都能演奏出生命中最雄壮的乐章。

换个角度看人生

郑 洁

一个加拿大人，其貌不扬，从小口吃，幼年因病导致左脸局部麻痹，一耳失聪，嘴角歪斜，讲话时嘴巴总歪向一边。尽管有这么多缺陷，他不但不自卑，反而奋发图强，成为饱学之士，还能在演讲时恰到好处地利用诙谐、幽默的评议来弥补自己的缺陷，并不失时机地提高嗓音，以达到理想的效果。而后他成了一个颇有建树的人。

1993年10月，这个人参加加拿大总理竞选。保守党心怀叵测地大肆利用电视广告来夸张他的脸部缺陷，然后问道："你要这样的人来当你的总理吗？"

当时，这种极不道德的人身攻击招致了很多选民的愤怒和反感。那人泰然处之，毫不隐讳自己的身体缺陷，反而博得选民的极大同情，最终率自由党一举结束了9年的在野日子，成功地当选为加拿大总理。1997年，他在大选中再次获胜，连任总理，成为加拿大第一位连任两届的跨世纪领导人。他就是让·克雷蒂安。

是的，人无法选择出身、门第和相貌，但可以选择自尊、自信和毅力。关键是要看清自己，看重自己，切不可自怨自艾、妄自菲薄。正如比利时诗人梅特林克所说："揭下你的面纱，别让你的面纱隐蔽了最后的真理和快乐。"美籍华人、著名心理学家李恕信讲了这么一个故事：一个小女孩趴在窗台上，看窗外的人正埋葬她心爱的小狗，不觉泪流满面，悲恸不已。她的外祖父见状，连忙引她到另一个窗口，让她欣赏她的玫瑰花园。果然小女孩的愁云为之一扫，心空顿时明朗。老人捧着外孙女的小脸儿说："孩子，你开错了窗户。"

的确，人生有喜有悲，有得有失，有欢乐，也有痛苦，就看我们如何去对待。金无足赤，人无完人。缺陷无论大与小，人皆有之。有的人有了缺陷，自暴自弃，悲观厌世，但有的人却能将缺陷转为优点，变为优势，化为财富。美国人斯格特，天生一只大鼻子，可以说奇异无比，但斯格特却很好地利用了这种缺陷，凭借它成为当时最受欢迎的明星，无论走到哪里，他的大鼻子都人见人爱。

成长笔记

谁也无法拥有完美的人生，当我们在某一方面存在缺陷的时候，我们不应采取抱怨、悔恨的态度，因为这些没有意义的行动只会浪费我们的时间。我们可以通过努力，将自身的缺点和不足变为优点和长处。

将军为什么输给了士兵

刘玉贤

1865 年，美国内战结束后，陶克将军竞选国会议员。他的对手是当年他手下的一名士兵，名叫约翰·海伦。一位是功勋卓著的将军，一位是普普通通的士兵，几乎所有的人都认为，胜利一定属于陶克将军。

竞选演讲开始了。陶克将军的演讲慷慨激昂，他说："诸位同胞，还记得 17 年前那个激战的夜晚吗？我率领士兵到一座山狙击敌人，那是多么艰苦的战斗呀！但我从没想过退却，因为我知道，为了我们的国家，为了正义和自由，我愿意付出所有，包括生命。我三天三夜没合眼，血战之后，我竟躺在树林里睡着了……"

比起陶克将军的演讲，约翰·海伦的演讲要朴实得多，他说："亲爱的同胞们，陶克将军说得不错，他确实在那次战斗中立下了汗马功劳。我当时只不过是他手下的一名普通士兵，和他一起出生入死。那次，他在树林里入睡时，我就站在他的身旁守护他，当时我携带着武器，饱尝寒冷的滋味，还时刻准备

着用我的身躯为他挡着随时会射来的子弹。我在心中说，我是一名士兵，我要保护将军的安全……"

约翰·海伦的演讲赢得了民众热烈的掌声，他出人意料地赢得了选票和最终的胜利。

约翰·海伦之所以能在竞选演讲中获胜，原因在于他的演讲听起来更真实、更亲切，他虚心地承认自己是一名普通的士兵，这样就拉近了与广大民众之间的距离；作为一名普通士兵，在恶劣的战争环境中他仍能坚守自己的岗位，兢兢业业、尽忠职守，让人觉得他更值得信赖。陶克将军在竞选演讲中，列举了自己的赫赫战功，言辞慷慨激昂，但是，他的演讲始终保持着对民众的一种高姿态，不能给人以亲切、真诚的感受。因此，失利也在情理之中。

成长笔记

约翰·海伦正是用他真实的语言、诚恳的态度征服了群众，赢得了群众的尊重和支持。所以，真诚可以拉近人与人之间的距离，可以唤醒人内心深处的感动，可以让朴实的言语比慷慨陈词更动人心弦。

勤奋人生

安武林

在美国，有一个人在一年之中的每一天里，几乎都做着同一件事：天刚刚亮，他就伏在打字机前，开始一天的写作。这个男人名叫斯蒂芬·金，是国际上著名的恐怖小说大师。

斯蒂芬·金的经历十分坎坷，他曾经穷困潦倒得连电话费都交不起，电话公司因此而掐断了他的电话线。后来，他成了文学史上著名的恐怖小说大师，整天稿约不断。常常是一部小说还在他的大脑之中酝酿着的时候，出版社高额的定金就支付给了他。如今，他算是世界级的大富翁了。可是，他的每一天，仍然是在勤奋的创作之中度过的。

斯蒂芬·金成功的秘诀很简单，只有两个字：勤奋。一年之中，他只有三天的时间是不写作的。也就是说，他只有三天的休息时间。这三天是：生日、圣诞节、美国独立日（国庆节）。勤奋给他带来的好处是永不枯竭的灵感。学术大师季羡林老先生曾经说过："勤奋出灵感。"缪斯女神对那些勤奋的人总是格外青睐，她会源源不断地给这些人送去灵感。

斯蒂芬·金和一般的作家有点不同。一般的作家在没有灵感的时候，就去干别的事情，从不逼自己硬写。但斯蒂芬·金在没有什么可写的情况下，每天也要坚持写5000字。这是

他在早期写作时，他的一个教师传授给他的一条经验，他也是坚持这么做的，这使他终身受益。他说，我从没有过没有灵感的恐慌。

做一个勤奋的人，因为每一天阳光所给的第一个吻肯定是先落在勤奋者的脸颊上的。

成长笔记

人类文明史中的各种发明与创造无不是人们勤奋思考的结果。勤奋的人能够在生活中创造机会，勤奋不仅指学习上的刻苦，更代表了一种积极的进取精神，它为扫除通向成功之路上的荆棘提供了有力武器。

现在成功

刘 墉

今天下午，我请你的母亲到后园小坐，难得出去晒一下太阳的她，居然指着零落将残的四季豆，问我是什么植物。我大吃一惊地说，那是她已经享用了一整个夏天的四季豆，并且责怪她居然五谷不辨。

你知道她怎么回答吗?

她说："我不管! 只因为我看不到结着豆子，所以不认得它。"

这两句话使我大为惊悸，因为它代表了世上大多数人的价值观，也显示了现实的冷酷无情。

是的! 没有豆子，就不认它! 不管它过去有多大的贡献，只因为没有亲眼

见到，或现在看不出，所以无法认同。对人来说，不论你过去多么成功，如果此时没有表现，那么往往也会被否定。

洛克菲勒每天晚上都要对自己说同样几句话："你虽然有了一点成就，但如果不继续努力、虚心学习，就会被人击倒……"

西方有句谚语："没有失败的成功者，只有成功的失败者；没有失败，只有失败者。"还说："没有成功的叛国者！"因为叛国者若成功了，便是革命家。这不正是中国的"成则为王，败则为寇"的道理吗？

所以，不要以为自己成功一次就可以了，也不要认为过去的光荣可以被永久地肯定。在这个世上，"现在的成功"是重要的，而现在马上便成为过去，下一刻又得有下一刻的成功。

记住！没有豆子在上面，就不认它是豆子，这是你母亲说的，也是大多数人都会说的一句话。

成长笔记

"现在成功"，它不能代表过去和将来，人只有不断地努力向前，为下一刻的成功作准备，才能不被生活所抛弃，才能永远处于"现在成功"的状态。

启　示

刘燕敏

　　在 1973 年，英国利物浦市一个叫科莱特的青年考入了美国哈佛大学，常和他坐在一起听课的是一位 18 岁的美国小伙子。大学二年级那年，这位小伙子和科莱特商议，一起退学，去开发 32Bit 财务软件，因为新编教科书中，已解决了进位制路径转换问题。

　　当时，科莱特感觉到非常惊诧，因为他来这儿是求学的，不是来闹着玩的。再说对 Bit 系统，墨尔斯博士才教了点皮毛，要开发 Bit 财务软件，不学完大学的全部课程是不可能的。他委婉地拒绝了那位小伙子的邀请。

　　10 年后，科莱特成为哈佛大学计算机系 Bit 方面的博士研究生，那位退学的小伙子也在这一年，进入美国《福布斯》杂志亿万富豪排行榜。1992 年，科莱特继续攻读，拿到博士后学位；那位美国小伙子的个人资产，在这一年则仅次于华尔街大亨巴菲特，达到 65 亿美元，成为美国第二富豪。1995 年科莱特认为自己已具备了足够的学识，可以研究和开发 32 Bit 财务软件了，而那位

小伙子则已绕过 Bit 系统，开发出 Eip 财务软件，它比 Bit 快 1500 倍，并且在两周内占领了全球市场，这一年他成了世界首富。一个代表着成功和财富的名字——比尔·盖茨也随之传遍全球的每一个角落。

在这个世界上，有许多人认为，只有具备了精深的专业知识才能去创业。然而，世界创新史表明：先有精深的专业知识才从事发明创造的人并不多，不少成就一番事业的人，都是在知识不多时，就直接对准了目标，然后在创造过程中，根据需要补充知识。比尔·盖茨哈佛没毕业就去创业了，假如等到他学完所有知识再去办微软，他还会成为世界首富吗？

在这个世界上，似乎存在着这么一个真理：对一件事，如果等所有的条件都成熟才去行动，那么他也许得永远等下去。

成长笔记

商场瞬息万变，战机稍纵即逝，只有放开包袱放手一搏才能有机会取得胜利。所以说，比尔·盖茨的成功不是偶然，能够适时抓住机遇、深入探索、勇于挑战是他留给我们的启示。

一分钟

纪广洋

著名教育家班杰明·D曾经接到一个青年的求教电话，之后他与那个向往成功、渴望指点的青年约好了见面的时间和地点。

待那个青年如约而至时，班杰明的房门大敞着，眼前的景象却令青年颇感意外——班杰明的房间里乱七八糟、狼藉一片。

没等青年开口，班杰明就招呼道："你看我这房间，太不整洁了，请你在门外等候一分钟，我收拾一下，你再进来吧。"一边说着班杰明就轻轻地关上了房门。

不到一分钟的时间，班杰明又打开了房门，并热情地把青年让进客厅。这时，青年的眼前展现出另一番景象——房间内的一切已变得井然有序，而且有两杯刚刚倒好的红酒，在淡淡的香气里还漾着微波。

可是，没等青年把满腹的有关人生和事业的疑难问题向班杰明讲出来，班杰明就非常客气地说道："干杯。你可以走了。"

青年手持酒杯一下子愣住了，既尴尬又非常遗憾地说："可是，我……我还没向您请教呢……"

"这些……难道还不够吗？"班杰

明一边微笑一边扫视着自己的房间，轻言细语地说，"你进来又有一分钟了。"

"一分钟……一分钟……"青年若有所思地说，"我懂了，您让我明白了一分钟的时间可以做许多事情，可以改变许多事情的深刻道理。"

班杰明会心地笑了。青年把杯里的红酒一饮而尽，向班杰明连连道谢后，开心地走了。

其实，只要把握好生命的每一分钟，也就把握了理想的人生。

成长笔记

绳锯木断，水滴石穿，一分钟的时间虽短，却可以完成许多事情，如果把每分钟都利用起来，就可以累积大段的时间，如此，还有什么事做不好呢？珍惜每一分钟，你就是向成功迈近一步。

为自己准备明天的早餐

王冶国

公司因一桩业务吃了官司，派我到南方专程处理此事。我是代表公司坐上被告席的，开庭那天我遇到了一个多年未见的故交。

他叫陈哲，是我初中时最好的朋友。那天，他是作为原告的代理律师出庭的。在千里迢迢的南方，而且是多年未见，喜悦自不待言，最让我惊异不已的是，10年不见，他竟从一个只有初中文凭的农民变成了当地小有名气的律师！怎能不让人深感"意外"？

陈哲跟我住邻村，初中三年，我们一直是形影不离的好朋友。我们曾经不止一次地谈到自己的理想，我说我最大的梦想是当一名作家，他说他想成为一名律师，站在法庭上唇枪舌剑。年轻的我们都为自己的梦想而激动，仿佛未来已经牢牢地把握在自己手中似的。

但天有不测风云，临近中考时，品学兼优的陈哲在放学路上被一辆汽车撞伤了腿，住进了医院，使他最终与高中无缘，又回到了农村。而我高中毕业后考进了东北一所享有盛名的师范学院，开始了自己阳光般灿烂的大学生涯。

毕业后我留在长春享受着优越的城市生活，而据说他开了一家家电修理铺来维持生计。生活和思想上的差距让我们的联系越来越少，以致最后失去了联系。时隔十余年，没想到我们会在这个地点，以这种方式碰面。

官司上的事由于权责分明，很快就解决了，但我并没有很快返回长春，而是去了他所供职的律师事务所。两个人见面，唏嘘不已。与他促膝长谈，我才知道他这些年是怎么过来的。原来，他当年的那个梦想一直没有在心中泯灭，虽然残酷的现实曾经将他的梦想击得粉碎。所有的亲友都希望他能安分守己，好好养家糊口过日子，但大家都错了，他在做家电修理之余，用三年时间自修完了法律专科学历，紧接着又用两年时间完成了法律专业自考本科的全部课程。

那时候，他已经到了婚配年龄，而我的孩子已经出生。但他硬是跟家人闹翻，坚持拿到全国律师执业资格证书再谈婚姻问题。据说那时候他跟家里人闹得很僵，在那个思想相对落后的农村，他的行为被同村人视为"另类"。好在他挺过来了，终于拿到了律师执业资格证，实现了他当年的梦想。紧接着，他用卖掉家电修理铺的钱作为路费，只身闯荡南方圆他的律师梦。

去年9月，他刚刚与律师事务所的一位同事结为伉俪，而那时我的孩子已到了入学年龄。我一直以为他的那个梦想早已破灭了，可他用自己多年的坚持和奋斗对我的这个想法做了有力的回击。十多年前，我也像他一样拥有自己的梦想，并为之痴狂，但后来我不停地跟随处境变换着自己的目标，到现在，我的梦想只剩下养家糊口了。我不明白岁月为什么如此无情地剥夺一个人的创造力。

我问他这么多年是怎么坚持过来的，他笑笑说，天上永远不会掉馅饼，你应当时刻为自己的未来作准备，并且学会为自己准备明天的早餐。

是的，这个世界充满了变数，人生也充满了变数，如果你不能明确自己的位置的话，很容易就会把自己的梦想搞丢了。这个世界充满着竞争，充满着机遇，你若不好好磨炼自己，为明天的竞争积累力量，那么你可能要让自己饿着肚子去疲于奔命。

当我们结束一天的工作，有些麻木、有些习惯、有些放纵地躺在床上准备进入甜甜的梦境的时候，你有没有想过是否为自己准备好了明天的早餐？

成长笔记

成功女神只会青睐那些最执著的追求者，但是在纷繁复杂的生活中，我们经常会迷失奋斗的方向，走上错误的旅途，只有坚定目标、持之以恒的人，才能攀上理想的高峰，欣赏难得一见的美景。

母亲给了盖茨什么

刘燕敏

在 2003 年 5 月 11 日，那天是母亲节，华盛顿大学的校园网上贴出这么一张问卷——你从你母亲那儿继承了什么？

为了吸引人回答它，他们在打开问卷的地方做了一个小小的动画：一位老太太注视着一个金鱼缸，缸中一只大白鲨正在鱼群中游动，你一点击，它就吃掉一条小金鱼，并传出一句话：任何会动的东西，都是我的猎物。

起初，我认为这幅动画是随便设计的，点击后才知道，注视鱼缸的老太太是华盛顿大学的董事长——比尔·盖茨的母亲玛丽·盖茨。大白鲨的那句话是他儿子的名言，在 2001 年对微软公司的反垄断诉讼中，曾被联邦法院反复引用。

他们之所以用这个动画作引子，据说是为了纪念他们的董事长，因为前不久她去世了，同时也给访问者一个暗示，只要你回答这个问题，我们就告诉你，比尔·盖茨是怎样回答的。

众所周知，盖茨是世界首富。他大学未毕业就去创业了，在短短 20 年的时间里，聚集了巨额的私人财富。这样一位旷世奇才，他从母亲那儿继承了什么？或者说，他母亲给了他什么？对这样的问题，谁不感兴趣呢？

我打开问卷，发现访问者果然很

多。在我点击它的时候，已有75 498位网友点击过，并回答了问题。

为了知道比尔·盖茨的母亲给儿子留下的秘笈，我按要求填上了来自于自己母亲的品性——虔诚。点击"发送"之后，眼睛还没来得及眨一下，就弹出一句话，说："OK！你和比尔·盖茨一样，从母亲那儿继承了同样的东西。"

正当我以为上当受骗的时候，一个画面出现在屏幕上，它是一张实物问候卡影印件，是比尔·盖茨在1975年母亲节时寄给他妈妈的。这一年，他在哈佛大学读二年级。比尔·盖茨在卡上用斜体英文写着这么一段话："我爱您，妈妈！您从来不说我比别的孩子差；您总是在我干的事情中，不断寻找值得赞许的地方；我怀念和您一起的所有时光。"

比尔·盖茨到底从他母亲那儿继承了什么？我没有得到具体答案，但从这张问候卡上，我似乎感觉到，这位独步天下的亿万富翁，从他母亲那儿得到了一份被许多母亲忽视了的东西——赏识。

成长笔记

有时候，来自周围人的肯定能增强我们的信心，提升我们的勇气，铸就我们辉煌的人生。因此，不要吝惜对别人的赞赏，适时地给予周围的人以鼓励，你会发现许多希望被点燃。

暗示的力量

鹿 鸣

美国是移民的天堂，但天堂里也有数不清的失意者，今年已经三十多岁的亨利就是其中的一个。

他靠失业救济金生活，整天无所事事地躺在公园的长椅上，无奈地看着树叶飘零和云朵飞走，感叹着命运对自己的不公。

有一天，他儿时的朋友切尼迫不及待地告诉他："我看到一本杂志，里面有一篇文章说拿破仑有一个私生子流落到了美国，并且这个私生子又生了好几个儿子，他们的全部特征都跟你相似，个子矮小，讲一口带法国口音的英语。"

"真的是这样吗?"亨利半信半疑，但他还是愿意把这一切当做真的。他掏出口袋里所有的零钱，用汉堡包和一杯可乐招待了切尼。

有很长一段时间亨利总在心里念叨着："我真的是拿破仑的孙子?"渐渐地，这挥之不去的意念终于使他确信了这是一个事实。

于是，亨利的人生整个被改变了，以前他因为个子矮小而充满自卑，而现在他因此感到自豪：我爷爷就是靠这种形象指挥千军万马的。以前他总觉得自己的英语发音不标准，像一个令人讨厌的乡巴佬，现在他却认为自己带一点儿

法国口音的英语发音非常悦耳动听。在下决心开创一番事业的时候，因为是白手起家，他遇到了无数难以想象的困难，但他却充满了信心。他对自己说，在拿破仑的字典里找不到"难"这个字。就这样，凭着自己是拿破仑孙子的信念，他克服了种种困难，成为一家大公司的董事长，并且在他经常闲逛的那个公园对面，盖了一幢30层的办公大楼。

在公司成立十周年的日子，他请人去调查自己的身世，结论是他不是拿破仑的孙子。但亨利并没有因此而感到沮丧，他说："我是不是拿破仑的孙子已经不重要了，重要的是我明白了一个成功的道理：当你相信时，它就是真的。"

成长笔记

有人说，自信是成功的一半，只有抱着必胜的信心，才有力量去实现自己的目标。因此，只有肯定自身的价值，收获成功才不会遥远。

一个梦想就值这点儿钱吗

古 木

从小到大，我们家里一直都很穷——我有六个兄弟，三个妹妹，还有别人寄养在我们家的一个孩子。虽然我们没有什么钱，家里的东西也都很破旧，但是我们家里充满了关爱与温暖。

我是快乐而有朝气的。我知道不管一个人有多穷，他仍然可以做自己

的梦。

我的梦想就是打球。我 16 岁的时候，就能够压扁一只橄榄球，能够以每小时 145 千米的速度扔出一个快球，并且击中在球场上移动着的任何一件东西。

我的运气也很好，我的教练是奥利·贾维斯，他不仅相信我，而且还教我怎样相信自己。他让我知道了拥有一个梦想和足够的自信会使自己的生活有怎样的不同。贾维斯教练改变了我的生活。

我升入高中的那年夏天，一个朋友推荐我去做一份暑期工。这是一个挣钱的机会——有钱就可以买一辆自行车和许多新衣服，就意味着为我的母亲买一座房子的储蓄的开始。这份夏日的工作对我来说是极具诱惑力的。

我意识到如果我去做这份工作，我就必须得放弃暑假的棒球训练，那意味着我必须告诉贾维斯教练我不能去打球了。我告诉了教练，他真的像我预料的一样生气了。"你还有一生的时间可以去工作，"他说，"但是，你练球的日子是有限的，你根本浪费不起。"

我低着头站在他面前，努力想向他解释，为了那个替我妈妈买一座房子和

口袋里有钱的梦想，即使让他对我失望我认为也是值得的。

"你做这份工作能挣多少钱，孩子？"他问道。

"每小时 3.25 美元。"我回答。

"噢，"他问道，"你认为，一个梦想就值一小时 3.25 美元吗？"

这个问题，简单得不能再简单了，它赤裸裸地摆在我的面前，我恍然大悟。那年暑假，我全身心地投入到训练中。同年，我被匹兹堡海盗队挑去做队员，并与他们签订了一份价值 2 万美元的契约。后来，我在亚利桑那州立大学里获得了橄榄球奖学金，它使我获得了接受高等教育的机会。我两次被评为全美最佳后卫。去年，我与丹佛的野马队签署了 170 万美元的合同。我终于为我的母亲买了一座房子，实现了我的梦想。

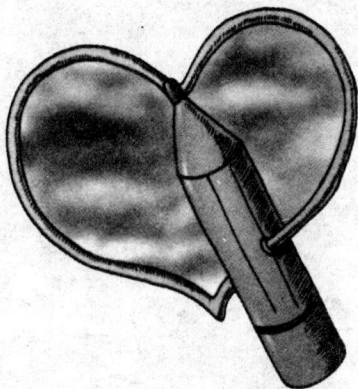

成长笔记

梦想是一个人一生中最甜蜜、最向往的东西，有梦想的人生是充实的、丰富的。因此，梦想是无价的，是用金钱买不到的。现实中的我们更应珍视梦想，用奋斗去实现它。

两堆碎片

李雪峰

　　雅各布·博尔是丹麦著名的科学家。在大学读书时，一天他在实验室做实验，稍不留神，一只玻璃瓶从手中滑落到地上摔碎了。摔碎瓶子，在实验室里经常发生，其他人不过是匆匆清扫一下了事，但雅各布·博尔看着一地大小不一的碎片，忽然有了一个奇怪的想法。他小心翼翼地将玻璃碎片捡起来，然后按大小仔细分类，发觉碎片可以分成四个类别；再把四个类别的碎片用天平称重，相邻的两种大小碎片无论总量还是个体，它们的比例都接近十六比一。雅各布·博尔又先后摔碎了十几个瓶子，实验结果惊人地相似。1942 年，他依据自己的实验数据，推出了著名的"雅各布·博尔规律"，受到了科学界的高度称赞。

　　另一堆碎片是约翰·巴比克的。

　　约翰·巴比克原来只是美国芝加哥市的一个无业游民，一次在家里把玩一只中国古瓷瓶，不小心失手掉在地上摔碎了。这是约翰·巴比克祖上传下来的一件珍贵收藏品，家人为此痛惜不已。约翰·巴比克将瓷瓶的碎片收起来，决心配制出一种黏液，使其重新复原成古色古香的完整瓷瓶。他调和树胶、蛋清等，试制了上百种黏液，终于发明出了一种高强度的黏液。当他用这种黏液把瓷瓶重新黏合复原后，全家人大为惊叹——这种黏液的强度不仅远远超过瓷片本身，且黏合的痕迹用眼睛几乎无法看得出来。依靠这种黏液，约翰·巴比克于1935年成立了专门从事黏合剂研制生产的BBK公司。BBK公司的黏合剂产品登陆市场后备受人们青睐，十几年时间，就成了芝加哥乃至美国最有名的大公司。而约翰·巴比克则奇迹般地从一文不名的流浪汉摇身一变成了拥资千万的大富翁。

两堆碎片，造就了两个巨人。

成长笔记

对于两堆碎片，两个人有着不同的处理方式，不同的研究成果，但相同的是，他们都注意到了"无用"的碎片，并通过它们获得了成功。所以，只要留意生活中的点点滴滴，生活就会回馈你一份厚礼。

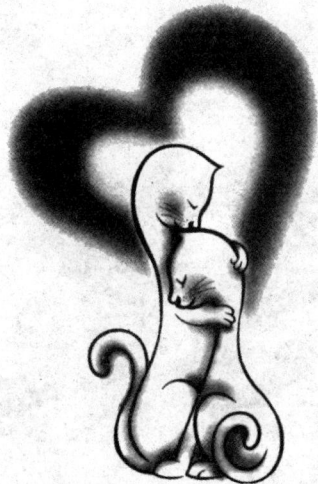

回　头

张小失

一位长跑健将告诉我："向目标冲刺的时候，千万别回头。"

今年春天，省里举办的一项大赛，他报了5千米长跑。

临近最后一圈了，他仅仅领先 B 约 5 米。正当他要鼓气加速的时候，B 却开始冲刺，瞬间超过了他。眼看着 1 米、2 米、3 米——距离逐渐拉开，他急了！只有不足 300 米的跑程，必须夺冠！但他与前面 B 的距离似乎胶着在 3 米了，难以突破。

这时，他脑海中闪过当年教练说过的话：冲刺的时候千万别回头。为了夺冠，他突然冒出一个小主意：大吼一声，向前冲！前面的 B 果然上当，回头瞥他一眼——就在那一瞬，他呼啸而过，甩掉 B，直至终点！

另一位旅行家告诉我：穿越沙漠的时候，一定要常常回头。

去年秋天，他从银川出发，徒步穿越腾格里沙漠去酒泉。进入沙漠，已是第三天上午。平生首次走沙漠，他没有什么实际经验。走到中午的时候，他回头仔细看了一番，忽然发现自己好像在走弧线，因为身后那座小山仍然能看见，只是向北移动了。他赶忙掏出指南针，调准方向，继续前行。

他笑道："如果没有那次警醒，我最终可能返回银川！因为前面的沙漠茫茫一片很陌生，而身后的标志物却可以告诉我路线是否弯曲。"

两个人对"回头"有着截然相反的理解，只是因为——前者不回头，奔的是短距离目标；而后者回头，为的是获取远方的胜利。人生之成败，或许就在这"回头"与"不回头"之间。

成长笔记

当我们在计划自己人生的时候，应该认真思考、时刻警醒；当我们开始行动的时候，应该坚定信念、勇往直前。这样我们的人生才不会留下悔恨。

梦想的翅膀

刘祖光

　　他今年 26 岁，很年轻，学法律出身，却对历史充满了兴趣。他是湖北人，5 岁时跟爸爸到书店里逛，一本《上下五千年》吸引住了他，爸爸问他是不是喜欢历史，他茫然地回答："什么是历史啊？"

　　那本书定价 5 元 6 角，而当时爸爸的月薪是 30 元，但爸爸还是给他买了。

　　在随后的 7 年里，他把这本书看了 11 遍，熟稔中国的历代皇帝。由此发端，看历史书竟成了他的业余爱好，让当时痴迷电子游戏和香港录像片的同龄人惊奇不已。上中学的时候他就读了《二十四史》和《资治通鉴》，这些用文言写的史书连大学里历史系的学生都感到挠头，但他觉得，要想写出生动的文章，必须读那些枯燥的书。因为陈独秀和鲁迅这些名教授深厚的国学根底，就是与他们早年的私塾教育不无关系。

　　但令人啼笑皆非的是，痴迷历史的他历史成绩并不好，原因很简单，他的看法和教科书上的不一样。而且他觉得，历史应该是有趣的，不是教科书式的简单的年代、人物、事件、意义的罗列，更不是各种各样不平等条约的累积。因此，写出让人们喜欢阅读的真正的

历史，是他的一个梦想，只不过，这个梦想在强大的高考面前，只能是梦想而已。

他是家中的独子，所以，为了父母殷切的目光，他痛苦地准备高考，最后，他考上了一所不知名的大学，他觉得在那所大学里，老师没有教会他什么。直到现在，他连那所学校的校名都不愿意提起。他的大学四年，完全是自学，他不谈女朋友，不去网吧玩通宵，自己一个人待在教室里看书，看自己喜欢看的历史书。有时候到深夜了，他抬头一看，空荡荡的教室里只有他一个人，再看外面，寂静的校园里早已是人迹全无。

毕业后，他参加了公务员考试，并且顺利通过。他成了广州市的一名公务员，参加工作6年后，他仍然保持着大学时的习惯：不抽烟，不喝酒，不交际，下班后就回到家看书。终于，他有了把梦想付诸实施的念头——重写明史！

写史书历来是历史学家的事情，而他，一个小小的公务员居然有了这个念头。他不管别人怎么看，开始动手写自己心中的历史。

每天晚上，他要写4到6小时，为了保持清醒的头脑，他一天要洗几次凉水澡，洗得皮肤都过敏了。但他仍然坚持着，为了梦想而坚持！

很快，他发在天涯网上的帖子受到了追捧。他的帖子吸引了众多网友，并且拥护者和反对者发生了激烈对抗，导致三位版主离职。他转而在新浪和搜狐上开了博客，在没有任何宣传的情况下，他的博客点击率居然很快达到了300万。他那通俗易懂、生动有趣的文章，吸引了小到7岁的儿童、大到70岁的大学教授在内的众多"明矾"的追捧。

他就是《明朝那些事儿》的作者当年明月，这个到现在仍不愿意透露真实姓名的小公务员，依然淡泊名利，他去凤凰卫视录节目时，穿的是洗得领子都卷了的衬衫。普通的一个人，却因为对梦想的执著追求，成为中国最不普通的公务员。梦想给了他腾飞的翅膀，在庄子的《逍遥游》中，那个有着三千里长翅膀的大鹏之所以能飞上九万里的高空，所借的是海上的飓风，而

托起当年明月翅膀的风，则是他不甘于平凡生活，对理想执著追求的坚强意志。

每个人都有梦想，所缺的只是将梦想付诸实施的勇气和毅力。

成长笔记

一个没有梦想的人绝不可能拥有令他人羡慕、让自己满意的成绩。如果只有梦想而不为此付出努力，同样也无法成功。只有在一切艰难险阻面前不动摇、不退缩，梦想才会变成现实。

克尔的坚持

李 岩

克尔曾经是一家报社的职员。他刚到报社当广告业务员时，对自己很有信心，他向经理提出不要薪水，只按广告费抽取佣金。经理答应了他的请求。

于是，他列出一份名单，准备去拜访一些很特别的客户。公司的业务员都认为那些客户是不可能与他们合作的。

在去拜访这些客户前，克尔把自己关在屋里，站在镜子前，把名单上的客户念了 10 遍，然后对自己说："在本月底之前，你们将向我购买广告版面。"

他怀着坚定的信心去拜访客户，第一天，他和 20 个"不可能的"客户中的三个谈成了交易；在第一个星期的另外几天，他又成交了两笔交易；到第一个月的月底，20 个客户只有一个还不买他的广告版面。

在第二个月里，克尔没有去拜访新客户，每天早晨，那拒绝买他广告版面的客户的商店一开门，他就进去请这个商人做广告，而每天早晨，这位商人都回答说："不！"每一次，当这位商人说"不"时，克尔就假装没听到，然后继续前去拜访。到那个月的最后一天，对克尔已经连着说了 30 天"不"的商人说："你已经浪费了一个月的时间来请求我买你的广告版面，我

现在想知道的是，你为何要坚持这样做。"

克尔说："我并没有浪费时间，我等于在上学，而你就是我的老师，我一直在训练自己在逆境中的坚持精神。"那位商人点点头，接着克尔的话说："我也要向你承认，我也等于在上学，而你就是我的老师。你已经教会了我坚持到底这一课，对我来说，这比金钱更有价值，为了向你表示我的感激，我要买你的一个广告版面，当做我付给你的学费。"

成长笔记

　　坚持到底是一种信念，它是我们前进的动力，鼓舞着我们继续努力。相信总有一天，我们会迎着希望的曙光，一步步走过坎坷，走向理想的彼岸。

跃上玫瑰色的骏马

［俄罗斯］安德列·克鲁申斯基　志 默　译

在中国旅行时，我发现，几乎每一个中国的城市居民都会唱《莫斯科郊外的晚上》《喀秋莎》《山楂树》。中国出版的卡拉 OK 盒带，几乎每一盒除中国歌曲之外，都收有俄罗斯歌曲。这些盒带中经常出现一个名字——薛范，一位歌曲译配者。

在和薛范相识之前，我已经看到过不少有关他的文章，也听说过许多有关他的事，因此见面时，他给我的第一个印象是，无论目光、举止和思维方式，他都没有通常从被困在轮椅上的人们身上可见到的那种羸弱的神情。在他身上，我感受到一种很有意思的、敏锐的、不拘一格的思维方式，他是一位十分亲切随和但同时又具有极强自尊心的人。

是命运的捉弄，他早年因患小儿麻痹症导致双腿终身瘫痪，但同时也显露出早慧的迹象：5 岁学弹钢琴，在画家父亲的指导下学习绘画的基本技法，6 岁上学，成绩优秀。而他最主要的禀赋则是他不同一般的意志。凭着这种意志，他在生活道路上比他 8 个健全的兄弟姐妹取得的成就更多。薛范从少年时代接触俄罗斯文化，至今生活在由它激发的高尚美好的情感世界以及动人心魄的音乐和语言的和谐天地里。随着我们进一步的交流，我眼前仿佛浮现出叶赛宁笔下"春日嘹亮的清晨"、"跃上玫瑰色的骏马驰骋"的奇妙形象。薛范已经 60 开外，但他的生活轨

迹始终如一，仿佛一生是一跃而成，尽管这一跃曾遭受命运无数次毁灭性的打击。

1952年，薛范中学毕业，考取了当时的上海俄语专科学校。当他去报到时却因残疾而被拒绝。他没有消沉，继续按着自己规定的日程表生活：每天早上起床，打开唱机，用最大的音量放送柴可夫斯基的第一钢琴协奏曲，然后工作。他自学俄语，自学大学课程，经常泡图书馆。激励着他的一件事是和奥斯特洛夫斯基遗孀拉伊莎的见面。那年，拉伊莎来到上海，会见了一些重残青年。苏联歌曲、书刊、电影仿佛给他的"玫瑰色的骏马"插上了翅膀。他译配的歌曲一首接一首，出版了第一本歌曲集。1966年爆发的"文化大革命"又是命运对他一次新的打击：他的家里没有了钢琴，失去了书刊、歌谱、乐谱（不少乐谱有作者的题签）、唱片。然而经过半死不活的10年之后，薛范重又跨上了"玫瑰色的骏马"。

北京之行对于一个残疾人来说，是个不简单的考验，但又是值得的：一本系统、完整地介绍前苏联歌曲的集子问世，伴随而来的是音乐会和一束束鲜花。出版社专为那场音乐会赶印出来的1 000册书当场销售一空。

对他性格的形成影响最大的是中国作家鲁迅、古代英雄岳飞和英国作家伏尼契笔下的"牛虻"。谈到俄罗斯古典音乐作品，他赞赏柴可夫斯基的第一钢琴协奏曲和第六交响曲、格林卡的歌剧《伊万·苏萨宁》；俄罗斯作家中，他更为推崇莱蒙托夫、普希金、巴乌斯托夫斯基和叶赛宁（早在1958年薛范就

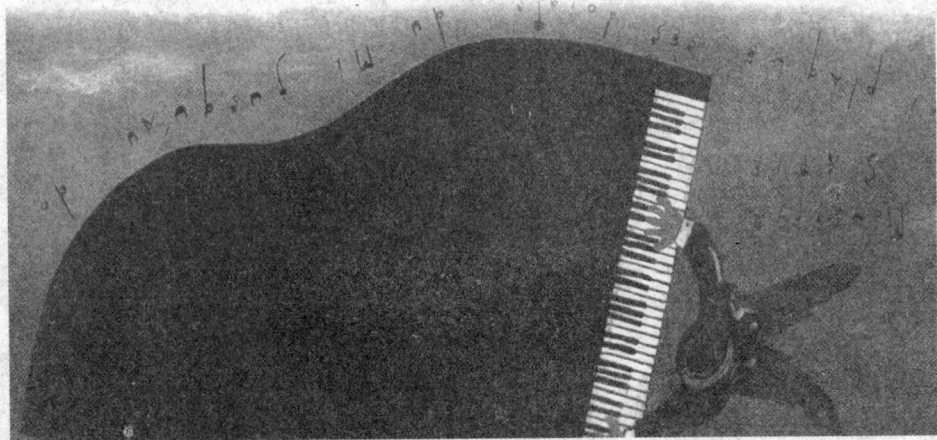

翻译过他的几首短诗）；画家里，他看重列宾。他喜爱的前苏联作曲家是杜纳耶夫斯基、索洛维约夫·谢多伊和巴赫慕托娃。作为一位专业翻译家，他已经出版了30种歌曲集，其中半数是俄罗斯和前苏联歌曲集。"当代其他国家的歌曲通常翻来覆去就是'爱我''吻我'这类词语，而前苏联歌曲有极为深刻的内涵，译配较难，但也更有意义。"临别时，薛范说："我对苏联解体深以为憾，您说，它还有希望重生吗？"

我无法回答薛范"是"或"否"，只是握着他的手以感激他提的这个问题。在结束本文时，我想对中国的俄学家们引用一下屠格涅夫的一句话："……要没有你们的话，看到家里所发生的一切，怎不令人灰心丧气呢？"

成长笔记

人是自由的精灵，命运能摧残人的身体，却不能摧残人的心志。在无数次的抗争中寻找突破，在无数次的努力中证明自我，这才是人之为人必须学会的坚强。

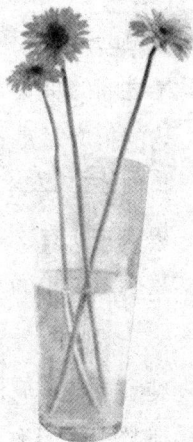

锻造生命的铁

[美国] 奥里森·马登

一块质地粗糙的金属在人的智慧与它本身分子的相互作用下，价值陡增，那么谁还能限制人——这个肉体、思想、道德和精神力量的完美混合物——潜力的发展呢？要开发利用铁块只有几道工序，而人的思想和性格却能受到上千种影响；铁块只是在外界刺激下才能起作用的惰性物质，而人却是各种作用力和反作用力的合成物，他能通过更高的自我——那个居于特殊地位的真实人格——来控制和掌握方向。

人的自我完善只有一部分取决于先天的资质。我们的生命铁块能否被锻造得灿烂辉煌，取决于我们模仿榜样的好坏、付出艰辛的多少、所受教育的程度和阅历是否丰富。

我们的生活也会遇到铁块所经历的所有痛苦考验，通过这些考验，才能达到最佳状态。逆境的打击、贫困与痛苦中的挣扎、灾难与丧亲之痛的卓绝考验、艰苦环境的压迫、忧虑焦灼的折磨、重重困难的阻碍、令人心寒的冷嘲热讽、经年累月枯燥的教育和纪律带来的劳累——所有这一切对一个志存高远的人来说都是必不可少的。

经过千锤百炼之后，铁块变硬了，变得更纯、更富延展性、更有韧性，它适合任何工匠所梦想的用途。如果每一锤都会打断它，每一

个熔炉都会烧毁它，每一个碾子都会粉碎它，那它还有什么用？它应该具有能经受一切考验的优点和品质。

这些品质获益于每一次考验，最后巩固下来。铁块中的品质主要还是天生的，但是我们身上的品质却主要是成长、学习和不断进取的产物，这取决于占主导地位的个人意志。

每一个工匠都在生铁里看到了经过加上后的成品，我们也应该在自己的生活中看到灿烂的前途，并去把它变为现实。如果我们只看到马掌或刀片，我们所有的努力与辛劳都不会产生钟表发条与游丝。我们必须目光远大，必须勇于斗争，经受考验并付出必要的代价，而且还要相信，我们所经受的痛苦和所付出的努力最终会酬谢我们。

成长笔记

　　我们的人生就像一块顽铁，只有历经千锤百炼才能发出灿烂的光辉，只有经过锻造才会既柔韧又坚强。因此，不要因困苦而屈服，不要为艰辛而抱怨，这是命运在为你打造幸福与成功。

蜘　　蛛

[俄罗斯] 普里什文　非琴　译

　　我生起炉子。当火焰笼罩了木柴时，我在一根劈柴发暗的断面上看到了一只蜘蛛，它兴高采烈，也许因为觉得热而感到不安，它便顺着断面跑到了尽头处，而迎接它的却是一片火海。

　　如果我看到动物处在悲惨境地，总要设想自己处在它的地位上。每当我设身处地时，不会忘了把它那个相对的范围换成大小和我相称的地方。劈柴上的那点面积换成我所在的地方，就好比是一间房子，对我来说，就好比房子四面都起火了。蜘蛛奔到另一端，那儿也是一片火海，就这样绕着劈柴的整个断面跑了一圈，它停下来，呆住了。我懒得动手救出这只蜘蛛，这不单是懒而已，而是似乎在向谁挑战：仿佛说，我还要管这种事吗，由它去吧，我们人类自己的灾难已经够多的了！让蜘蛛自己照顾自己吧。

　　这时火已包围了这根劈柴，大概支撑着它的另一根劈柴塌下去了，于是轰隆一声，我们这根有蜘蛛的劈柴突然垮下来，倒到屋子里，蜘蛛曾经待着的那个断面一下子撞在炉边被铁器碰坏了的地板上。

　　我认为，经这么一撞，蜘蛛大概已经粉身碎骨了。但当我捡起那根劈柴的时候，蜘蛛却生机勃勃，在一块铁片上跑起来了。这时我的小狗发现了它，于是把鼻子伸到它身上去，而且像它往常碰到昆虫时一样，淌出一大摊口涎，形成了一片口涎的海洋。在这"海洋"当中，隐约看得出一个很小的"小岛"，这就是蜘蛛所留下的一切了。不过这还不是结局。渐渐地，"小岛"动弹起来，从海里爬上了陆地。似乎它只剩了两条腿，但后来变成三条，四条，就这样，粘在一起的腿都舒展开了，于是蜘蛛快速向一个黑暗的角落爬去。

我向它祝贺，同时想起了我自己生活中一件情况复杂的意外事故，当时我也是丝毫不靠别人帮助。在一场火灾中安然脱险；后来又想到战时的情况，想到我也曾像这只蜘蛛一样，浑身湿透，从大海里爬出来。什么事情我没经历过啊……

可见在世界上什么都不要怕，在任何情况下也不要在灾难之中灰心丧气。

成长笔记

蜘蛛的坚强、勇敢，不畏惧困难，即使在灾难之中仍不灰心丧气的精神值得我们学习，我们如果能将这些品质用于学习、工作、生活中，必将拥有一片广阔天地。

把挫折踩在脚下

沈 欣

在 1864 年 9 月 3 日这天，寂静的斯德哥尔摩市郊，突然爆发出一声震耳欲聋的巨响，滚滚的浓烟霎时冲上天空，一股股火焰直往上窜。仅仅几分钟时间，一场惨祸发生了。当惊恐的人们赶到现场时，只见原来屹立在这里的一座工厂只剩下残垣断壁，火场旁边，站着一位三十多岁的年轻人，突如其来的惨祸和过分的刺激，已使他面无人色，浑身不住地颤抖着——这个大难不死的青年，就是后来闻名于世的弗莱德·诺贝尔。

诺贝尔眼睁睁地看着自己所创建的硝化甘油炸药的实验工厂化为灰烬。人们从瓦砾中找出了 5 具尸体，其中一个是他正在大学读书的、活泼可爱的弟弟，另外四人也是他朝夕相处的亲密的助手。烧得焦烂的 5 具尸体令人惨不忍睹。

诺贝尔的母亲得知小儿子惨死的噩耗后，悲痛欲绝。年老的父亲因太受刺

激引起脑溢血，从此半身瘫痪。然而，诺贝尔在失败和巨大的痛苦面前却没有动摇。

惨案发生后，警察当局立即封锁了出事现场，并严禁诺贝尔恢复自己的工厂。人们像躲避瘟神一样避开他，再也没有人愿意出租土地让他进行如此危险的实验。

这一连串挫折并没有使诺贝尔退缩。几天以后，人们发现，在远离市区的马拉仑湖上，出现了一只巨大的平底驳船，驳船上并没有什么货物，而是摆满了各种设备，一个青年人正全神贯注地进行一项神秘的试验。他就是在大爆炸后被当地居民赶走的诺贝尔！

大无畏的勇气往往会令死神望而却步。在令人心惊胆战的实验中，诺贝尔没有连同他的驳船一起葬身鱼腹，经过多次试验，他发明了雷管，雷管的发明是爆炸学上的一项重大突破。接着，他又在德国的汉堡等地建立了炸药公司。

一时间，诺贝尔生产的炸药成了抢手货，源源不断的订货单从世界各地纷至沓来，诺贝尔的财富与日俱增。

然而，获得成功的诺贝尔并没有摆脱挫折。不幸的消息接连不断地传来：

在旧金山，运载炸药的火车因震荡发生爆炸，火车被炸得七零八落；德国一家著名工厂因工人搬运硝化甘油时发生碰撞而爆炸，整个工厂和附近的民房变成了一片废墟；在巴拿马，一艘满载着硝化甘油的轮船，在大西洋的航行中，因颠簸引起爆炸，整个轮船人员全部葬身大海……

面对接踵而至的灾难和困境，诺贝尔没有被吓倒，没有被压垮，也没有一蹶不振，他所具有的毅力和恒心使他对已选定的目标义无反顾，坚韧不拔。在奋斗的路上，他已习惯了与死神朝夕相伴。

诺贝尔把挫折踩在了脚下，赢得了巨大的成功。他一生共获专利发明权355项。他用自己的巨额财富创立的诺贝尔科学奖被国际科学界视为一种至高无上的荣誉。

成长笔记

困难只会玩弄弱者，却会使强者获得搏击命运的力量。生命中的困难在所难免，如同风雨阵阵袭来，但只要我们充满恒心与毅力，面对困难永不止步，知难而上，勇敢前行，一定会走向成功。

成功有多远

　　如果不管什么事，你都能用积极的态度去对待，用努力去改变现状，而不只是发牢骚、悲叹不公，那么，成功离你还会远吗？

不同的笔

董 刚

有一个公司，人人都以成为部门经理詹姆斯的手下为荣，因为只要到了詹姆斯的手下，就算文凭不高，能力不强，也照样能在詹姆斯的指点下成才。总经理感到很好奇，于是特意把一个名牌大学的毕业生放到詹姆斯手下，因为总经理很看好这个大学生，想把他培养成自己的接班人。

可是一段时间过去了，这个大学生仍显得那么默默无闻，倒是同时去的几个并非名牌学校出来的学生，在詹姆斯的指点下崭露头角。总经理认为詹姆斯肯定没有尽心尽力培养，于是到詹姆斯的办公室兴师问罪。

詹姆斯面对质问什么也没有说，他把手里的钢笔递给总经理，又让总经理用这支笔写几个字试试。这是一支普通的笔，当然不能和总经理使用的那种价格昂贵的笔相比，但是总经理一试就感觉到了，虽然詹姆斯的笔很普通，但是却比他的笔好用多了。

"这支笔已经不是当初的模样了，为了发挥出最佳的状态，我对它进行了多次的改进。"詹姆斯平静地说。

"因为它是一支普通的笔，我能心安理得地按照自己的目标去改造，但是如果是一支昂贵的笔，

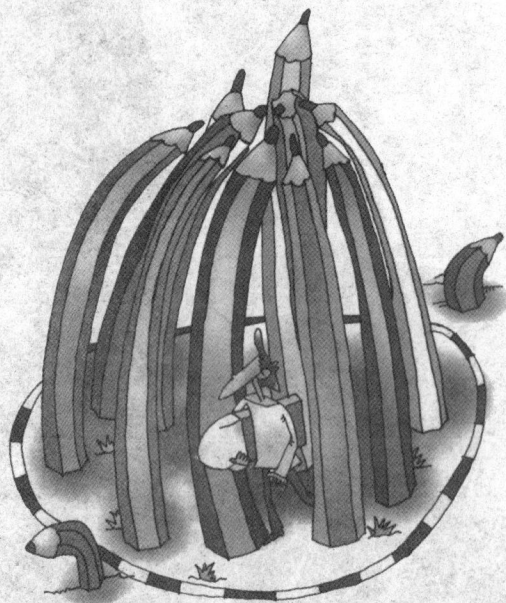

就算不是很好用，我在改造之前也会三思，因为一旦失败或者失误，我自己的损失将更大。而对于笔来说，昂贵的笔肯定不愿意接受别人的改造，两者结合在一起，普通的笔当然能够脱颖而出，而昂贵的笔总是维持着它开始时的一切。这就是笔与笔的不同。"詹姆斯说。

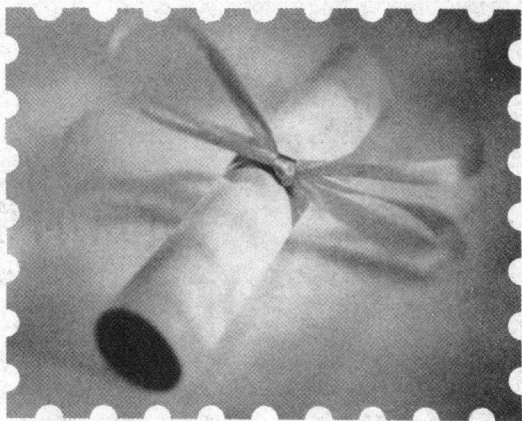

成长笔记

一只普通的笔，经过多次改造，可以变得很好用；而一只高级的笔，仅仅保持原有的状态，用起来也不过如此。人也是如此，不进则退，不管开始处于多么领先的位置，如果不再前进，那么必将落后。

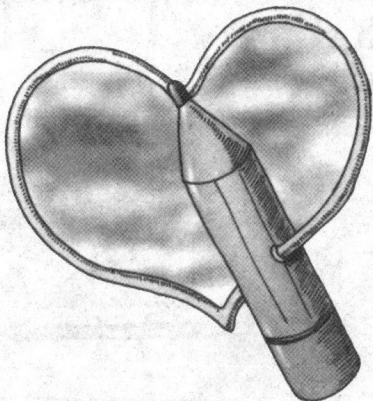

贫富的机会

颜如玉

　　美国石油大王——保罗·盖帝在他的自传中，曾经提出一个十分有趣的概念，相当值得探讨。保罗·盖蒂提出的想法是，若是将目前全世界所有的现金和所有产业全都混合在一起，平均地分给全球的每一个人，让每个人所拥有的财富都一样多，经过半个小时之后，全球这些财富均等的人们的经济状况就会发生显著的改变。

　　有的人在这时候，已经丧失了他分到的那一份；有的人会因为豪赌而输光；有的人会因为盲目的投资而一文不名；有的人则会受到诈骗而迅速破产。于是财富分配又重新开始了，有些人的钱会变少，有些人的钱又开始多了起来。这种情形会随着时间的延长而变得差别更大。经过三个月之后，所谓贫富

悬殊的情况，将会变得十分惊人。

保罗·盖蒂特别强调："我敢打赌，再经过一两年之后，全世界财富的分配情况，将会和没有均分之前没有两样，有钱的还是那些人；而贫困的人们，依然不会有所转变。"

他的结论是，不管说这是命运也好，是机会使然或自然法则也对，总之有些人的想法与观念，一定会比其他人所受到的尊敬更多，因而他所拥有的财富也将会更多。

通过保罗·盖蒂这个奇妙的设想，我们可以了解，成功与失败，就根本上而言，是我们内在思考方式的转化。存着高尚而值得尊敬的想法与观念，将是笃定成功的真正本钱，在过去的岁月中，或许我们难以改变这一事实，但在21世纪的今天，我们可以经由学习而改变思考的方式，以积极的态度来引导自己走上成功之路，这一切完全可能做到。

但其中尚存有一项真正困难之处，所谓的"改变"，其实并不如字面上所理解的那么容易。若要借由外力或是外人来使自己改变，根本是难上加难的；唯有自我的心灵觉醒，自己愿意开始调整想法，方能做到真正的改变。

成长笔记

无论是穷人还是富人，他们在机遇面前都是平等的，只是由于思维方式不同，致使有的人抓住机会，而有的人却眼睁睁地与机会擦肩而过。因此，面对机遇，莫要等闲视之，充分运用自己的智慧，抓紧它就能获得成功。

多想一步

简 单

斐塞司博士有一个习惯，总是在午饭后坐在门前晒会儿太阳。这时，他总能看到一只母猫在阳光下安详地打着盹儿。

时间一分一秒地流逝，太阳一步一步向西移，渐渐被拉长的树影，挡住了母猫身上的阳光。母猫醒了，它站了起来，伸了伸慵懒的身躯，又踱到另一块有阳光的地方，重新卧了下来，接着打盹儿。

每隔一段时间，猫都会随着阳光的转移而不停地变换睡觉的场地。这一切在我们看来司空见惯，自然而然。可是猫的这些举动唤起了斐塞司博士的好奇心。

猫为什么喜欢待在阳光下呢？是光和热，还是其他的什么原因？

对，是光和热。

猫喜欢待在阳光下，这说明光和热对它一定是有益的。那对人呢，对人是不是也同样有益？这个想法在斐塞司的脑子里闪了一下。

可就是这么一闪，便成为了闻名世界的日光疗法的引发点。之后不久，日光疗法便在世界上诞生了。斐塞司博士，也因为一只睡懒觉的猫获得了诺贝尔医学奖。

如果我们家的院子里也有这么一只睡懒觉的猫，我们也看到它一次次地趋近阳光，我们是不是能想到这些呢？或许想，这猫真会享受，不但长

时间地睡，而且还喜欢睡在阳光下；这猫该产小猫了，怎么还不产呢……或许什么也不想。

1910 年，德国科学家魏格纳因病不得不躺在医院的病床上休息，墙上挂着一幅地图。在闲得无聊时，他就很随意地观察这张地图。

一天，他突然发现，大西洋两岸的地形好像是互补的，南美大陆巴西东部突出的部分与非洲大陆西海岸的赤道几内亚、加蓬、安哥拉陷入的部分相对应，可以把它们完全拼合在一起。

这个发现，让魏格纳兴奋了好一阵子，并由此引发了他一连串的思考：这两个大陆是不是原先就是连在一起的？如果是的话，那又是什么原因使它们分开的？

不顾病痛，魏格纳着手收集了大量的地质学、古生物学的资料，终于证实了一个崭新的理论：大陆板块漂移说。

为什么每天都有许多人在看世界地图，而只有魏格纳得出了大陆板块漂移说？有些人几乎天天见到猫晒太阳，可为什么只有斐塞司一人发现了日光疗法？如果当初的那个苹果不是掉在牛顿头上，可能今天我们能够得到的只有：今天真是倒霉，这个讨厌的苹果为什么偏偏落到我的头上？可能我们都认为，要想获得成功，就必须比别人付出足够多的努力，其实在很多时候，天才和普通人的区别就在于能比别人多想一步。

成长笔记

　　梭罗说过："要想在事业上有所成就，以有无创造性来论成败，善于观察的人最容易成功。"斐塞司和魏格纳只是因为多想了一步，便从那些最平常的事物中有了新的发现。让思维活跃起来吧，你就能化腐朽为神奇。

放弃的勇气

杨友学

　　有一个孩子，小时候最喜欢的玩具就是那五颜六色的气球，每次外出玩耍，他的手里总是拿着各种各样的气球，因为那是他最贴心的玩具。

　　有一次，他母亲带他出去玩。在公园玩耍的间隙，他的母亲从包里拿出了一个精致的口琴，吹出了一首首动听的乐曲。他想要母亲的口琴，但又舍不得放弃手中的气球，左右为难之际，母亲突然停止了吹奏，笑眯眯地看看他。就在这一瞬间，他做出了选择——他松开了手，毫不犹豫地放飞了气球，然后扑

向母亲索要口琴。

这一天，他学会了吹口琴，更重要的是他从这件事上获得了一个对他一生影响深远的启示，那就是：当人生需要做出选择时，该放弃的就必须勇敢地放弃。这之后，他考上了音乐学院，虽然这对他无异于游鱼得水，但是当他发现自己对音乐并不是那么钟爱时，他毅然选择了放弃，转而进入纽约大学商学院学习，学习自己更感兴趣的经济。1950 年，他获得经济学硕士学位，并得到去哥伦比亚大学深造的机会。在这所大学里，他遇到了他一生中最伟大的良师益友——后来曾在尼克松总统麾下效力的美国联邦储备委员会主席亚瑟·博恩斯教授。从此，他放弃了一切该放弃的东西，一心一意关注经济学，将全部的精力都放在了对经济学的研究上，并很快成为这个领域的行家高手。1987 年，当里根总统任命他为美国联邦储备委员会主席时，他一下子便成了一个重量级的人物，他就是艾伦·格林斯潘。

我们每一个人的一生中，都会像小格林斯潘那样，手中抓满各种各样的气球，比如金钱、权力，以及已有的成绩与地位，这些既得的利益与成果，虽然能给我们一种保障与安全感，但同时也很容易消磨我们的斗志与勇气，阻碍我们去追求更远大的人生目标，因为当更好的发展机会来到我们面前时，面对已经取得的利益，并不是每个人都有勇气放弃的。

成长笔记

我们想要的也许很多，能够得到的可能很少，因为我们没有足够的时间和精力。俗话说，有舍才有得。如果我们懂得放弃、有明确的目标和计划，我们就会拥有良好的心境，得到更多的东西。

一根木头的梦想

马 德

这是很多年以前的一根木头。

刚开始的时候，父亲是想用它来做房梁的。记得那一年家里在东山坡上刚刚建起了一栋新房子，四面的墙已经垒起来了，人们七手八脚把这根木头抬到房顶上。结果，木匠在山墙上端详了半天，还是无奈地叹了口气，对父亲说："不行，这根梁用不得。"木匠说话的时候，父亲正站在另一面山墙上，待了一会儿，父亲又试探着问："掉个头试试，行不行？"不行！"木匠是当地有名的木匠，他说得很坚决，说完他又一摆手。帮忙的人便七手八脚又把木头抬了下来。

这根木头并不差，只是弯曲了些。

晚上吃饭的时候，木匠酒喝在兴头上，对父亲说："那根木头怕是干什么都不太合适，还是当柴火劈掉烧了吧。"父亲说："再留留，或许用得上。"木匠笑了笑，没说什么话。

又一年，家里要做一个柜子。父亲又把这根木头拽了出来，交给来做家具的人。做家具的比画了半天，把木头一丢，说："再换一根吧。"父亲问："不好用？"做家具的说："这是根废木头，除了烧火，恐怕很难用上。"

事后，父亲还是把这根木头收藏了起来。

秋天，收庄稼拉粮食的时候，家里的马车翻在一个大坑里，摔断了一根车辕。正是大秋时节，去哪里找合适的木头呢？父亲又把那根木头找了出来。父亲说："试试这根。"修车的人拿着皮尺量了量，高兴地对父亲说："弯曲的地方取一截正合适。"结果，那一根木头做成了车辕，一直用到现在。

做成车辕的那一天，父亲说，多等一等，哪会有没用的木头？

    的确，那是一根最糟糕的木头。但是父亲并没有因此而看低了它。或许父亲在想，一棵树，长大并不是件容易的事情，即便是有缺陷的生命，也是生活呈现给这个世界的一道风景、一个奇迹，而且和其他的木头一样，再平凡的生命其内心深处也有着成才的梦想。所以父亲那些年一直在等。结果，那根木头在时间和机会的缝隙里终于找到了属于自己的土壤，梦想的花朵在父亲不屈不挠的等待中娇艳地绽放。

成长笔记

    没有无用的木头，也没有无用的人。不要轻易地否定自己，也不要轻言放弃。多一些坚持，多一份努力，你会找到适合自己的位置。

人生的秘诀

易水寒

听说过这样一个故事：

20岁的年轻人迈斯决定离开家乡，到外面的世界去开创自己的事业。

动身之前，迈斯先来拜访本族的族长，请求指点。

老族长听了迈斯的打算，想了想，拿出一张纸，在上面写了三个字："不要怕"。然后抬起头来，望着迈斯说："孩子，人生的秘诀只有六个字，今天先告诉你三个，供你半生受用。"

转眼30年过去了，当年20岁的小伙子迈斯已是50岁的中年人了。他有了一些成就，也平添了很多遗憾。

这一天，他回到了家乡，又特意来拜访族长。

到了族长家里，他才知道老人家几年前已经去世。

族长的儿子取出一个密封的信封对他说："这是我父亲生前留给你的，他说万一有一天你回来时，可能想看它。"

迈斯这才想起，30年前他在这里只听到了人生秘诀的一半。

另一半是什么呢？

他急切地拆开信，打开信纸，上面赫然写着三个大字："不要悔"。

人生在世，中年以前不要怕，中年以后不要悔，这是经验的提炼，智慧的浓缩，也是人人都想追求的人生境界。

成长笔记

"不要怕，不要悔"，这是经验的提炼，是人生的智慧。想走路就大胆向前，走过的路即使是错的也无需后悔。苦乐都是一种经历，细细体会这六字箴言，会让你拥有一份成功的人生。

拿出你自己的特色

袁 玲

一天，一个年轻人走进某国际函授学校丹佛分校的办公室，他想要得到一个销售员的工作。总经理约翰盯着这个有些瘦弱的年轻人，谈了一些问题后，突然话锋一转，问："你有什么办法把打字机推销给农场主?"年轻人不假思索地回答："对不起，先生，我没有办法把打字机推销给农场主，因为他们根本就不需要!"

然而，就是这样的一个回答，让约翰先生高兴得几乎跳了起来，他说："小伙子，祝贺你，你通过了。就是这道测试题，有无数的应聘者，想尽了各种办法，要把打字机推销出去，只有你的回答最让我满意。"

"谁会愿意去买一件自己根本不需要的东西呢?"约翰先生说，"去工作吧，小伙子，你会工作得很好的，因为你知道谁需要什么，谁不需要什么。"

还是这个年轻人，后来主动从这家公司辞职，到位于俄玛哈的阿莫尔公司去应聘，依旧是做推销员。公司总裁海瑞斯端坐在宽大的老板台后面，故意摆出一副懒洋洋的样子，看了他一眼说："年轻人，不管你以前工作能力如何，来到我这里就都等于零。这样吧，从现在开始你去接受一个月的职前培训。"

"抱歉，先生。如果是这样的话，我宁愿另觅他处。"年轻人一边说话，一边就要走。"请等一等，年轻人，"海瑞斯很好奇，"通常所有来我这里应聘的人，都是按照我的旨意来做事的，只有你与众不同，敢于直抒己见。我很想知道你刚才想马上离开这里的原因。"

"很简单，先生，如果我在这里接受一个月的职前培训，就意味着这一段时间，我丧失了与顾客在酒吧或其他场合聊天的机会。我的心目中，只有顾客，没有职前培训。"年轻人的话，博得了海瑞斯对他的好感，思忖了片刻之后，海瑞斯在一张信笺上，写下了这样一行字：一个不愿意丧失顾客的人，到南达科他州西部，那里的业务由他接管。

成长笔记

知道每位顾客各自的需要，把与顾客的沟通、交流放在首位，这就是篇中年轻人成功的秘诀。我们也应该如此，善于思考自己的工作特点和性质，找到适合自己的工作方法。

恐惧来自于想象

李小李

现在想来，那实在是一个简单的游戏。在一次心理培训课上，培训师拿着三个沙包在讲台上娴熟地抛来抛去，抛出的沙包划出一道美丽的弧线，还没等我们反应过来，又一个沙包离开了他的掌心……就这样，三个沙包在培训师面前井然有序地飞舞着，看得人眼花缭乱。

培训师停了下来，向台下的学员发问："哪位朋友敢告诉我，在今天睡觉之前，就可以学会像我这样抛沙包？"看着培训师手中的沙包，想象着刚才它们飞舞的姿态，学员们只是相视而笑，并无一人举手。

"这简直就是杂技，怎么可能在今晚之前学会呢？""是啊！我想老师天天练习才有这样的水平。"大家你一言我一语地议论着。

这时，培训师微笑着打断了大家，他坚定地说："我敢肯定，每个人只要练上三个小时，都可以学会！"

培训师出乎意料的断言让台下的每个人都很吃惊，大家似乎在用目光询问着："这是真的吗？""三个小时就可以学会，不可能吧？"

面对大家的疑惑，培训师说："很多时候，我们不是被自己的能

力打败，而是被我们想象中的敌人打败。我们会把任务想象得过于困难，于是我们学会了退缩；我们会把挫折想象得过于强大，于是我们学会了放弃。我们有必要仔细思考，我们的想象力真的在对自己说实话吗……"

接下来，每个学员都带着将信将疑的心态开始了抛沙包的练习，10 分钟过去了，20 分钟过去了，练习了 1 个多小时之后，大家基本上都学会了这项曾被他们认为很难学会的技能，每个人都体验到了超越"不可能"带来的快乐。

当我们把一件事想象成可怕的"骷髅"，我们感觉到的就是恐惧，我们想做的就是"拔腿就跑"。且慢！再让我们仔细看看，你会发现，那可怕的骷髅不见了，出现在你面前的是"面带微笑的少女"。

由此看来，很多时候，我们不正是被自己想象中的敌人打倒的吗？

成长笔记

阻碍我们的往往不是具体的困难而是我们源自内心的对困难的恐惧。一个人应该勇于尝试、勇于突破，不要轻易地认为"我不行"，也不要被夸大的困难吓倒，积极的行动胜于一切空谈。

扬长避短皆天才

张国学

　　古籍《淮南子》中曾讲述了这样一个故事：楚国大将子发与齐国作战，屡战屡败。无奈，他只好听取谋士"广罗天下奇才"的建议，大张旗鼓地招集能人奇士。有一惯盗者前来求见，自称身怀绝技，可以在军中为楚国效力。子发现他其貌不扬，意在不收。可盗者再三表示希望能给他一次施展所长的机会，如果不能建功立业，他会自动离去。就在子发接收他的当天晚上，这名盗者潜入齐国军营把将军车子上的帷幔偷来了，子发随即派人送还给齐国。第二天晚上，盗者又潜入齐军大帐，偷走了将军的枕头，子发同样派人送了回去。第三天晚上，盗者居然又把将军的发簪取回，子发再一次派人送回。这下齐国大将非常惊恐，说："如果再不退兵，恐怕连脑袋都保不住了。"于是退兵而去，楚国靠盗者之力三天就转危为安了。我国四大古典名著之一的《水浒传》也有很多用人之长的例子：吴用绰号"智多星"，他做军师自然充分发挥了其智慧和谋略；戴宗号称"神行太保"，让他传递信息、情报当然无人可及了；朱贵是开酒店出身的，他在山下开了个酒店，从而成为梁山对外开放的不可缺少的窗口；就连名次排在最后的段景柱，也因擅长贩卖马，从而使

梁山的"马业"兴旺起来。

举世闻名的大人物们，也往往是以自身奋斗的足迹书写着因扬长避短而成为天才的历史。大科学家爱因斯坦在 20 世纪 50 年代，曾多次被邀请担任以色列的总统，但他一次次拒绝了。他说："我整个一生都在同客观物质打交道，因而既缺乏天生的才智，也缺乏经验来处理行政事务以及公正地对待别人的能力，所以，本人不适合接此重任。"事实上，他就是凭借着"同客观物质打交道"的所长，摘取了物理学诺贝尔奖的桂冠。大文豪马克·吐温也是这样。他经过商，做过打字机生意，办过出版公司，可结果却亏了 30 万美元，赔光了稿费不算，还欠了一屁股的债，他的妻子奥莉姬知道丈夫虽没有经商的本事，但却有着极高的文学天赋，于是便帮助他鼓起勇气，振作精神，重走创作之路。这样，马克·吐温毅然舍弃了经商之短，很快就摆脱了失败的痛苦，积极投身文学创作，并在文学创作上取得了辉煌的成就。

善于经营自己的长处，努力发挥自己的强项，是提高人生价值、创造事业辉煌的秘诀。俗话说，寸有所长，尺有所短，世间万物从没有十全十美的，人生于世，也都或多或少地存在着缺陷和不足。狂妄自大、目空一切，一味地自我感觉良好固然不可，但"自知之明"也不是念念不忘自己的短处，从而背上沉重的思想包袱，使心田笼罩于自惭形秽的阴影之中。正确的做法应该是：坚信"天生我材必有用"，正视自己，坦然处世，时时以自信自强的阳光，去冲破自暴自弃的阴霾，热情地投身社会生活，快速找准自己的位置，并能尽力地在这一位置上扬其所长。能量才而用，被用者就是人才；能展其所长，这个人就是天才。否则，正如富兰克林所说，即使是宝贝，但放错了地方也只能是废物。

成长笔记

我们都不完美，但也不是一无是处，因为我们每一个人都是有价值的，只有把自己放在最适合发展的领域，找到自己的长处并使之发扬光大才是正确的做法。沉浸在自卑中只会浪费自己的时间。

有一种能耐与生俱来

尹玉生

儿子在后院的沙坑里玩耍。他手拿一把红色塑料铁锹，要为自己的玩具车开辟一条道路。这时他发现，在沙地的中央，一块大石头横挡在那里。

儿子决心要将石头挪走。他鼓足了劲儿，推呀推，石头却纹丝不动。聪明的他将石头前方的沙子挖掉一部分，然后将铁锹伸进石头下面，使足浑身力气猛撬，石头翻个身，向前面移动了一段距离。儿子依法炮制，居然将这块石头移到了沙坑的边缘。可惜 5 厘米高的沙坑边缘阻挡了他的进程，无论他怎样开动脑筋想办法，怎样调动全身的力量，也不能将石头弄出沙坑。作了种种尝试之后，受挫的泪水顺着儿子的脸颊潸潸流下。

我目睹了这一切。看到儿子伤心的模样，我赶快走过来，用柔和而坚定的语气对儿子说："儿子，别哭，你一定能做到的，只是你需要调动你全部的力量。"

"爸爸，我已经用尽了我所有的能耐了，却还是无法弄走这块大石头。"儿子哭泣道。

"不，儿子，"我纠正他道，"你并没有用尽你所有的能耐，至少你并没有请我帮助你啊。你要知道，乖儿子，在你的一生中，有很多人能够帮助你，愿意帮助你，这也是你能耐的重要一部分。"

我说完这话，便用手轻轻地拿起石头，把

它远远地扔在了一边。

其实，不仅是小孩子，纵然是许多成年人，也未必意识得到还有一种能耐可供我们使用，即使是意识到了，也未必能充分有效地使用。

从第一次读《西游记》开始，我脑子里就一直萦绕着一个问题：会七十二般变化的孙猴子其实很一般，他时时会遇上一些厉害的角色，三招两式一过，便败下阵来。每每此时，猴子便筋斗云一驾，不是去求观音菩萨，便是到玉皇大帝那里搬救兵，甚至连东海龙王、牛魔王都成了求助对象，算得上哪门子英雄？

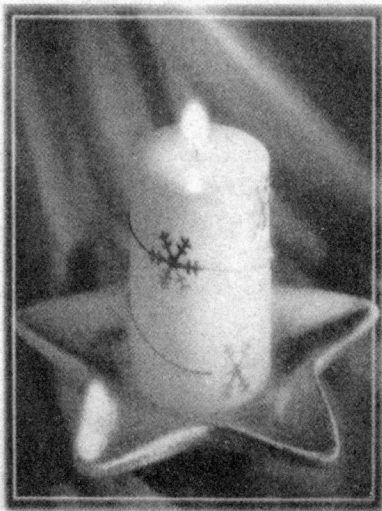

可随着年龄和阅历的增长，我慢慢体会到悟空确实具有大能耐。这种大能耐不仅仅是他的七十二般变化和筋斗云，而是他能够完完全全地调用出他所有的能耐。

一个人无论有多大的能耐，总是有他力所不能及的地方，孙悟空也不例外，但他最终成功了。西行路上，九九八十一难，妖魔鬼怪一路捣乱，自己能打过的，悟空便挥动金箍棒，战而胜之；打不过的，悟空便使出七十二般变化之外的能耐，上天入海，请来能够帮助自己的战胜妖魔的援兵，借力胜之。

我们在敬佩羡慕悟空成功的同时，切莫忘记：孙悟空七十二般变化之外的能耐帮了大忙。

成长笔记

寻求援助才能壮大自我，有时成功是通过他人帮助和支持来实现的。无论怎样努力，个人的能力总是有限的，善于借助他人的力量帮助自己达到目的的人，才是聪明人。

最苦的树开最香的花

包利民

　　大学毕业那年，我找了几份工作都不如意，雪上加霜的是，在一次应聘的途中我被车撞断了胳膊，伤愈后，我的左臂再也不能完全伸直了。从那以后每次去应聘，我的胳膊都成了人家客客气气或不留情面地将我打发走的重要缘由。而且正是在这段时间里，相恋三年的女友也离我而去。那些日子，我的世界除了灰暗还是灰暗。

　　有一天表姐陪我去公园散心。那时正值4月，丁香花开得一片灿烂，却丝毫不能点燃我内心的热情。徜徉在丁香丛中，表姐给我讲她的故事，讲她怎样在最初的不断跌倒中爬起来，怎样走到今天的成功——她今天已经拥有了三家服装店，而最初她只是个在街旁摆小摊的小贩。讲着讲着，表姐忽然问我："你闻到丁香花的香味了吗？"此时空气中溢满了那让人心旷神怡的花香，我点了点头。表姐伸手摘下一片叶子，放在嘴边咬了一口，咂咂嘴说："你说丁香的叶子是什么味道？"我也摘了一片叶子咬了一口，一股极苦的味道让我的嘴几乎麻木了，我不禁皱起了眉头。

　　表姐看着我的眼睛说："我最失意的那些日子，也是春天，我常来

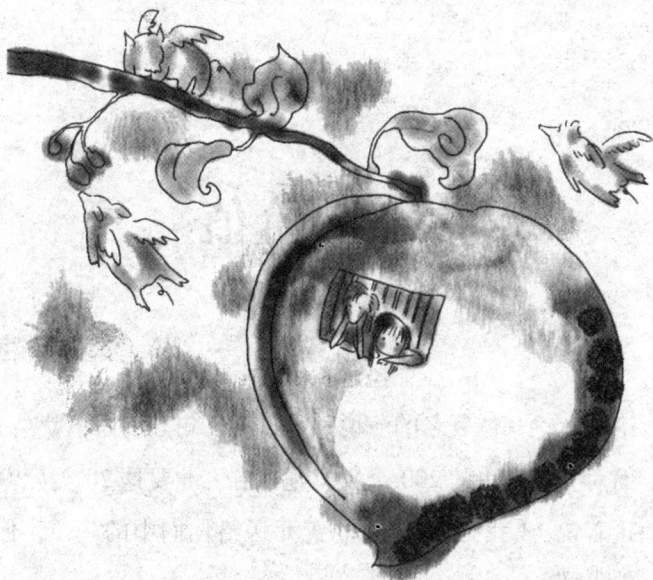

这里尝这些叶子，在这苦苦的味道里我终于明白：只有最苦的树才能开出最香的花！"我顿时明白了表姐的良苦用心，心中一瞬间充满了感动，看着那树那花，有一股温暖的力量在内心涌动。如今我早已走出了那些暗淡的日子，每天都用最灿烂的笑容去面对生活。

记不得是哪位哲人说过，只有根植于苦难的成功才是最值得珍惜的成功。只要我们不放弃心中的希望与梦想，就一定会在苦难的生活中绽放最美丽的人生！

成长笔记

灰暗的人生总会过去，抬起头，前面有蔚蓝的天空和明媚的阳光。请铭记，不是每个人都是命运的宠儿。因此，即使我们长着最苦的叶子，也要开出最香的花朵。

生命的价值

梅　尔

在一次讨论会上，一位著名的演说家还没讲几句开场白，就高举着一张 20 美元的钞票，面对会议室里的 200 个人，他问："谁要这 20 美元？"一只只手举了起来。他接着说："我打算把这 20 美元送给你们中的一位，但在这之前，请准许我做一件事。"

他说着将钞票揉成一团，然后问："谁还要？"

仍有人举起手来。

他又说："那么，假如我这样做又会怎样呢？"

他把钞票扔在地上，又踏上一脚，并且用脚踩它，而后他拾起钞票，钞票已变得又脏又皱。

"现在谁还要？"

还是有人举起手来。

演说家说："朋友们，你们已经上了一堂很有意义的课。无论我如何对待这张钞票，你们还是想要它，因为它并没有贬值，它依旧值 20 美元。人生路上，我们会无数次被自己的决定或碰到的逆境击倒、欺凌甚至碾得粉身碎骨。我们觉得自己似乎一文不值。但无论发生什么，在上帝的眼中，我们永远不会丧失价值。在他看来，肮脏或洁净、衣着齐整或不齐整，我们仍然是无价之宝。生命的价值不依赖我们的所作所为，也不依仗我们结交的人物，而是取决于我们本身！我们是独特的——永远不要忘记这一点！"

成长笔记

生命无价，需要我们努力创造更多的价值来充实我们的人生。因此，人生之路不应依靠他人的扶持走下去，所有的引导和启发只可作为建议参考，只有自己走出的人生之路才是最精彩的。

成功就是不断超越自己

综 合

曾在一本弗洛伊德的书上读到过这样一则故事：

约翰和汤姆是相邻两家的孩子，他俩从小就在一起玩耍。约翰是一个聪明的孩子，学什么都是一点就通，他知道自己的优势，自然也颇为骄傲。汤姆的脑子没有约翰灵光，尽管他很用功，但成绩却难以进入前 10 名。与约翰相比，他心里时常流露出一种自卑。然而，他的母亲却总是鼓励他："如果你总是以他人的成绩来衡量自己，你终生也只不过是一个'追逐者'。奔驰的骏马尽管在开始的时候总是呼啸在前，但最终抵达目的地的，却往往是充满耐心和毅力的骆驼。"

约翰自诩是个聪明人，但一生业绩平平，没能成就任何一件大事。而自觉很笨的汤姆却从各个方面充实自己，一点点地超越着自我，最终成就了非凡的业绩。约翰愤愤不平，以致郁郁而终。他的灵魂飞到了天堂后，质问上帝："我的聪明才智远远超过汤姆，我应该比他更伟大才是，可为什么你却让他成了人间的卓越者呢？"上帝笑了笑说："可怜的约翰啊，你至死都没能弄明白：我把每个人送到世上，在他生命的'褡裢'里都放了同样的东西，只不过我把你的聪明放到了'褡裢'的前面，你因为看到或是触摸

到自己的聪明而沾沾自喜，以至于误了自己的一生！而汤姆的聪明却放在了'褡裢'的后面，他因为看不到自己的聪明，总是在仰头看着前方，所以，他一生都在不自觉地迈步向前！"

有些人的沮丧来自于"比较心"。我比别人出身差，我比别人长相差，我比别人运气差，我比……这样子比下去可能比不完。明知"比"的心态不好，但我们仍然要比一比。如果是这样，我们不妨先把镜头朝向自己，想一想从小到大的自己，以及那些不如你的人，再想想自己此时的心情，你将深切体会到一个失败者的心情。

不要对别人路上的风光左顾右盼，这样只会增添自己的烦恼，扰乱自己前进的步伐，回首之际，你会发现你错过了途中向你微笑的花朵。

英国作家约翰·克莱斯可以说是全世界数一数二的多产作家，一共出过564部小说，如果以一年出10本来算，他花了五六十年的时间在写小说。出了那么多书，你可能会以为他是百战百胜的作家，那你就错了，他曾经被退稿达753次。

成长笔记

超越梦想的人会成为成功者，超越自我的人会成为强者。人时刻都在进步，只是我们无法衡量。因此，不要为能力不佳而颓唐怅惘，努力奋斗，我们终将取得胜利。

莫让思维起茧

陈　霞

　　柯特大饭店是美国加州圣地亚哥市的一家老牌大饭店，由于原先配套设计的电梯过于狭小老旧，因此已无法适应越来越多的客流，这也将阻碍饭店的发展。

　　于是，饭店的老板准备扩建一个新式的电梯，便花重金请来了全国一流的建筑师和工程师，请他们一起探讨如何扩建电梯的问题。

　　建筑师和工程师的经验都很丰富，他们讨论了半天，最后达成了一致结论：为了安装新电梯，饭店必须停业半年，这样才能在每个楼层里打洞，并在地下室里安装最新式的马达。

　　"除了关闭饭店半年以外就没有别的办法了吗？"老板的眉头皱得很紧，"要知道，那样会损失难以数计的营业额……"

　　"必须得这样，这是最好的方案。"建筑师和工程师坚持这么说。

　　就在这时候，饭店里的清洁工刚好经过这里，听到了他们的话，他马上直起腰，停止了工作。

　　他望了望忧心忡忡、神色犹豫的老板和那两位一脸自信的专家，突然开口说："如果换了我，你们知道我会怎么来装这个电梯吗？"

工程师瞟了他一眼，不屑地说："你能怎么做呢？"

"我会直接在屋子外面装上电梯。"

工程师和建筑师听了，说不出话来。

很快，这家饭店就在外面安装了一部新电梯。在建筑史上，这也是第一个把电梯安装在楼外的建筑。

人们在思考问题时，因为经验的积累，会形成一种思维定式，这种思维定式有时的确能够帮助人们在直觉下做最快最好的反应，但这种定式同时也变成了一种思考上的障碍。

如果人们能经常突破常规、突破思维定式来思考问题，成功就一定会降临。

重要的是莫让思维起茧。

成长笔记

用突破常规的角度去看待问题，不要让约定俗成的习惯束缚了我们的思维，只有懂得避免错误的人才能把损失降到最低。所以，请让思维突破茧壳，在空中自由飞翔吧！

人生的高度

李雪峰

一天，大仲马得知他的儿子小仲马寄出的稿子总是碰壁，便对小仲马说："如果你能在寄稿时，随稿给编辑先生们附上一封短信，或者只是一句话，说'我是大仲马的儿子'，或许情况就会好多了。"

小仲马固执地说："不，我不想坐在你的肩上摘苹果，那样摘来的苹果没味道。"年轻的小仲马不但拒绝以父亲的盛名做自己事业的敲门砖，而且不露声色地给自己取了十几个其他姓氏的笔名，以避免那些编辑先生们把他和他大名鼎鼎的父亲联系起来。

面对那一张张冷酷而无情的退稿笺，小仲马没有沮丧，仍在不露声色地坚持创作自己的作品。他的长篇小说《茶花女》寄出后，终于以其绝妙的构思和精彩的文笔震撼了一位资深编辑。这位知名编辑曾和大仲马有着多年的书信来往。他看到寄稿人的地址同大作家大仲马的丝毫不差，怀疑是大仲马另取的笔名，但作品的风格却和大仲马的迥然不同。带着这种兴奋和疑问，他迫不及待

地乘车造访了大仲马的家。

令他大吃一惊的是，《茶花女》这部伟大作品的作者，竟是大仲马名不见经传的年轻儿子小仲马。"您为何不在稿子上署上您的真实姓名呢?"老编辑疑惑地问小仲马。小仲马说:"我只想拥有真实的高度。"

老编辑对小仲马的做法赞叹不已。

《茶花女》出版后，法国文坛书评家一致认为这部作品的价值大大超越了大仲马的代表作《基督山恩仇记》。

真正的伟人是不需要给自己找垫脚砖的，一个坐在别人肩膀上的人，再高也没有他自己站着的高度高。

成长笔记

真正的成功是太阳，自己发热发光，释放能量，而不是像月亮那样借助别人的力量散发光芒;真正的高度是艰苦攀爬所至，而不是站在别人的肩头去扩展自己的视野。

成功有多远

小 月

加藤信三是日本狮王牙刷公司的小职员。作为一个小职员，尽管前一天夜里加班，很晚才回家，他现在仍必须马上起床，赶到公司去上班。

起床后，他匆匆忙忙地洗脸、刷牙，不料，忙乱中出了一些小岔子，牙齿被刷出血来！加藤信三不由得火冒三丈，因为刷牙时牙齿出血的情况已不止一次发生过了。情绪不好的他怀着一肚子牢骚和不满冲出了家门，赶搭电车到公司。

身为一名牙刷制造公司的职员，使用公司的牙刷刷牙竟然刷到牙齿出了血，加藤的不满情绪越来越大。不过，那天他怒气冲冲走进公司大门后，脚步渐渐放慢，他渐渐冷静下来。

在办公室里，他开始和同事们讨论牙齿出血的问题，并且提出了改变刷毛质地、改造牙刷造型、重新设计刷毛排列等各种改进方案。

不过，加藤仍然决定通过实验来验证方案的可行性，从而找到最终的解决办法。实际上，就是在接下来的一连串乏味的实验中，加藤发现了一个被大家忽略的细节：他在放大镜下看到，牙刷毛的顶端由于是机器切割，所以全部呈锐利的直角——这

才是问题的真正原因！

下面的事情就简单多了。改变刷毛的切割方式，把这些直角都弄成圆角，问题不就完全解决了？

同事们一致同意他的见解。经过多次实验后，加藤和同事们把成熟的方案正式提交给公司，公司迅速投入资金，把全部牙刷毛的顶端都改成了圆角。改进后的狮王牌牙刷很快受到顾客欢迎，公司盈利大增。对公司作出巨大贡献的加藤也从普通职员晋升为主任，后来，他成为了这家公司的董事长。

加藤的故事告诉我们，不管现实生活多么不尽如人意，依然不乏成功的机会。一个人是否成功，关键在于自己是不是能把握住生活中的每一个细节、每一个看似只能抱怨的生活场景。如果不管什么事，你都能用积极的态度去对待，用努力去改变现状，而不只是发牢骚、悲叹不公，那么，成功离你还会远吗？

成长笔记

生活中的幸福与成功往往体现在细微处。加藤看到了刷毛需要改进的地方，于是研制出了更好用的牙刷。可见，一个小小的发现就能改变生活，你也赶快行动吧！

在小事上认真

顾 旭

美国第四大家禽公司——珀杜饲养集团公司董事长弗克兰·珀杜在回顾他的经商与成功时，讲了自己的故事：

我10岁时，在马里兰州索乐斯堡经营家禽饲养场的父亲给了我50只他挑选优质鸡种后的劣质鸡，要我喂养并自营售蛋业务。

这是一种一周7天都要干活的工作，每天都要添食、搞卫生、把蛋捡好然后分等。另外还得留意饲料消耗情况与行情，以便及时买进50千克一袋的新饲料。

在我的精心照料下，这些劣质鸡日见改观，苗壮成长。

不久，我这些鸡的产蛋率超过了父亲的优质鸡种。我平均每个月可收入15美元左右，这在大萧条时期可是一大笔钱。

父亲开始时并不相信，但当他亲眼看见我把鸡蛋拿出去卖时就开始夸奖

我了。

后来我开始帮助父亲管理他的部分鸡场，事实证明了我的管理和销售能力。父亲交给我的几个养鸡场的效益超过了他自己管理的其他家禽饲养场的效益；到 1984 年，我父亲将他的整个家禽饲养场全部交给了我管理。

父亲相信我管理能力的原因是，他看到了我工作中的细节，他对我的评价是：能把注意力放在可以做到的一些小事上。

其实我成功的部分奥秘得归功于我当时的认真观察，由于我对这些劣质鸡的生活习惯一点儿也不了解，所以我只好认真地观察它们。

我发现，当在一只鸡笼里关的小鸡少了时，小鸡吃得就多，成长得就比较快；但是太少了又太浪费鸡笼。于是我找了个最佳结合点——每只笼子里养 9 只鸡，结果我成功了。

我后来的一切智慧，其实都无非是在这基础上更好地思考或者努力而已，而把注意力和精力放在能做好的一件小事上，加强了我对整件事情的把握能力。

成长笔记

集中注意力和精力，做好每一件能做好的小事，才能把更大的事情做好，因为小事的成功是做成大事的基础。这个故事给我们的启示是：要认真地对待生活中的小事，做一个有心人。

输赢的距离

若风尘

顺利进入这家单位的复试，我反而感受不到一丝轻松，因为我发现对手——一位姓王的先生实在是太优秀了，而这家单位招聘的业务主管，只能是一人。

工作人员对我们说，总经理让你们去 8 楼一趟，805 房间，他在那里等你们。我和那位姓王的先生几乎同时走到了电梯口。天！人真是太多了，有跑业务归来满脸大汗的小伙子，有一脸焦急的客户，把两个电梯口堵得水泄不通。一拨人进去，又一拨人过来。照此速度，没有 10 分钟是上不去的。"我可要上去了。"焦急万分的我对站在最外面镇定自若的王先生说。"你的意思是……哦！"他一下明白了，颇有风度地说："请便吧！"很显然，他怕登楼的狼狈模样影响了他的形象。

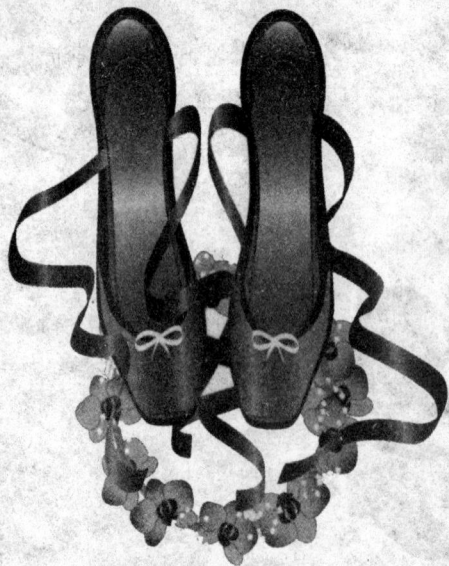

1 楼、2 楼、3 楼……爬到 8 楼时，我已气喘吁吁。抹去额上的汗水，深吸一口气，稳定了一下情绪，我推开了房门，然后和总经理礼貌地握手问好。"你是步行上来的吧?"总经理看了一眼我微笑地问。我只得点头，心想完了，还是给瞧出来了。这时，门外响起了有节奏的敲门声，是王先生。然后，他与总经理谈笑自如地闲聊着。

三天后，我接到了那家单位的通

知，并如愿以偿地担任了主管职位。然而，优秀的王先生却意外地落选了。

当我诧异地问其中的缘由时，总经理微微一笑说："原因很简单，你比他快了5分钟。在成功的路上，这就是输和赢之间的距离，更重要的是你在行动，而他却在等。"

成长笔记

与其浪费时间等待、观望，不如付出行动、努力去争取。只有这样，我们才会接近成功。因为成功是从来不会主动送上门的，它需要你想尽办法，倾尽全力地追寻。

退路与出路

紫 琴

古希腊著名演说家戴摩西尼年轻的时候为了提高自己的演说能力，躲在一个地下室练习口才。由于耐不住寂寞，他时不时就想出去溜达溜达，可心总也静不下来，所以练习的效果很差。无奈之下，他横下心，挥动剪刀把自己的头发剪去一半，变成了一个怪模怪样的"阴阳头"。这样一来，因为羞于见人，他只好一心一意地练口才，演讲水平突飞猛进。正是凭着这种专注执著的精神，戴摩西尼最终成为了世界闻名的大演说家。

一个人要想干好一件事情，成就一番事业，就必须心无旁骛、全神贯注地追逐既定的目标。

但人都有惰性、有太多欲望，有时难免战胜不了身心的倦怠，抵御不住世俗的诱惑，割舍不下寻常的享乐。一些人因此半途而废，功亏一篑。这时候，不妨学学戴摩西尼的精神，他剪掉了一半头发，就彻底斩断了向惰性和欲望妥

协的退路。而一旦没有退路可逃，就只能一门心思地朝前奔了。

断掉退路来逼着自己成功，是许多明智的人的共同选择。1830年，法国作家雨果为了能把全部精力放在写作上，把除了身上所穿毛衣以外的其他衣物全部锁在柜子里，把钥匙丢进了小湖。就这样，由于根本拿不到外出要穿的衣服，他彻底断了外出会友和游玩的念头，除了吃饭与睡觉，他从不离开书桌，结果他的作品提前两周脱稿。而这部仅用5个月时间就完成了的作品，就是后来闻名于世的文学巨著《巴黎圣母院》。

在漫漫人生路上，往往只有不留退路才更容易赢得出路。

成长笔记

退路往往不是最好的出路，战胜倦怠，克服自己的各种惰性，抵制诱惑的侵扰，斩断一切退路，才会在绝望中看见希望，赢得出路。因此，人只有心无旁骛、全身心投入生活才能超越自我，实现目标。

信念值多少钱

童建松

罗杰·罗尔斯是美国纽约第五十三任州长，也是纽约历史上第一位黑人州长。他出生在纽约声名狼藉的大沙头贫民窟，那儿环境肮脏，充满暴力，是偷渡者和流浪汉的聚集地。在那儿出生的孩子，从小耳濡目染的是打架、逃学、偷窃、吸毒，长大后很少有人获得较体面的工作。而罗杰·罗尔斯是个例外，他不仅考上了大学，而且当上了州长。

在他就职后的招待会上，记者向他提出了一个问题："是什么把你推向州长的位置的？"面对众多记者，罗尔斯对自己的奋斗史只字未提，他只说了一个陌生的名字——皮尔·保罗。后来人们才知道，皮尔·保罗是他小学时的校长。

1961 年，皮尔·保罗被聘为诺必塔小学的董事兼校长。当时正值美国嬉皮士流行的时代，他来到大沙头诺必塔小学的时候，发现这里的穷孩子比"迷惘的一代"还要无所事事。他们不与老师合作，他们旷课、斗殴，甚至砸烂教室的黑板。皮尔·保罗想了很多办法来引导他们，可是没有一次奏效。后来他发现这些孩子都很迷信，于是他上课的时候就多了一项内容——给学生们看手相。

当罗尔斯从窗台上跳下，伸着小手走向讲台时，皮尔·保罗说："我一看你修长的小拇指就知道，将来你会是纽约的州长。"当时，罗尔斯大吃一惊，因为长这么大，只有奶奶让他振奋过一次，说他可以成为5吨重的小船的船长。这一次，皮尔·保罗先生竟说他可以成为纽约州的州长，着实出乎他的意料。他记下了这句话，并且相信了皮尔·保罗。

从那天起，纽约州州长就像一面旗帜：他的衣服不再沾满泥土，他说话时也不再夹杂污言秽语，他开始挺直腰杆走路。之后，他成了班主席，在以后的四十多年中，他没有一天不按州长的身份要求自己。51岁那年，他真的成了州长。

在他的就职演讲中，有这么一段话。他说："信念值多少钱？信念是不值钱的，它有时甚至是一个善意的欺骗，然而你一旦坚持下去，它就会迅速升值。"

在这个世界上，信念这种东西任何人都可以免费获得，达到目的的人最初都是从一个小小的信念开始的，信念是所有奇迹的萌发点。

成长笔记

　　文章借美国纽约第五十三任州长的成长故事，向我们讲述了信念在一个人的生命中所起到的作用是不可估量的，从而鼓励人们应树立坚定的信念。

被琐事诱惑

彭武胜

一个在文坛上奋斗多年的文人来到智者面前。

他问道:"智者,我已经在文学的路上跋涉了二十多年,但到现在仍无大的建树,我想写的几部大作品一部也没写出来。这是为什么?"

智者问:"你够聪明吗?"

文人说:"我想够吧,我6岁就开始发表作品了。"

智者又问:"那你够勤奋吗?"

文人说:"二十多年来,我几乎没有休息过,每天都有做不完的事,领导的事、家里的事、编辑约的稿⋯⋯"

智者说:"你既有天分,又很勤奋,照理说,没有办不成事的可能呀。我想你一定是被琐事诱惑了。"

"被琐事诱惑了?"文人奇怪地反问道,"一看到琐事,我都烦死了,还会被它诱惑?"

智者停了一下,接着说:"有些琐事,是你的领导或亲朋交办的,一办好,就能得到他们的表扬或感谢,所以它诱惑着你先去做它。你帮领导写过讲话稿吧?你参加过朋友的作品研讨会吧?"文人又老老实实地点点头,他甚至感到有点不好意思,因为他曾为领导把发言稿交给自己写而沾沾自喜过。

智者顿了一下说:"琐事多是别人给你安排好了的,你用不着费脑子去想做什么,怎么

做。琐事最容易办好，最容易给人以成就感。就像那些编辑约的稿子，你只要稍用点心思就能完成，又得名又得利，所以它也诱惑着你去做。而你想干的那些大事，非常复杂，难度大，感觉很不容易，所以你总是会把他们一拖再拖。虽然他们才是你真心想做的事，虽然他们才是你永远的追求，是这样的吗？"

文人想了想，他不想承认也不行。因为每天到办公室，他总想着把今天最容易了结的事了结了，然后再开始干自己的事情。可那些琐事做好，他又觉得累了，于是想明天再开始干吧，现在应该休息一下了。如此一日推一日，才有了蹉跎之感，才会在这不惑之年来求救于智者。不过，为了体面的下台，他找了句古人的话来为自己开脱："一屋不扫，何以扫天下？琐事不做好，怎么能安心去干大事？"

智者说："琐事当然要做好，但不仅仅要想着把琐事做好。我们大多数人，在把琐事做好后，就认为完成了自己一天的目标。其实，做完了琐事，只是完成了别人给你定的目标。你自己的梦想，还要靠自己另外去设计和安排，而这时候，别人大多都在享受生活。屋子要扫，你自己的天下也要扫。所以，成就梦想不容易！"

文人问："有让实现梦想变得容易一点的办法吗？"

智者说："有。把你的梦想分解成每一天的琐事，并让这样的琐事诱惑自己。"

成长笔记

　　每个人心中都有梦想，但想要实现它却不容易，一些琐事常会让我们迷失方向。因此，我们只有提前做好计划，正确处理好琐事，才能早日实现梦想。

成功可以预料

李雪峰

熊旁是瑞士的化学家，他经常孜孜不倦地沉醉在实验里，就是回到家里，他也要在茶余饭后做上一些微小的实验。

1896 年的一天下午，熊旁趁妻子午休的时间，自己躲在家里的那间小实验间里做试验，一不小心，他把桌上那瓶盛满硝酸和硫酸混合液的瓶子碰倒了，溶液流在桌子上。熊旁马上去找抹布，抹布没有立即找到，眼看那些溶液就要从桌子上漫流到地板上，慌乱之中，熊旁就顺手拿起了放在旁边的一条妻子的棉布围裙擦掉那些溶液。围裙浸了溶液，湿淋淋的，熊旁担心妻子见后责怪，就悄悄把围裙带到厨房，准备烘干，没料到刚靠近火炉，就听"轰"的一声，围裙在瞬间被烧得干干净净，没有一点儿烟，也没有一丝灰烬。熊旁惊得目瞪口呆，但随后便欣喜万分，因为他意识到了自己于不经意间已经合成了可以用来做炸药的新的化合物，一个发明在不经意间突然出人意料地成功了。

1838 年，法国著名物理学家达盖尔正在费尽心机地苦苦研究影像保留在胶片上的方法，但研究进行半年多了，达盖尔几乎尝试过了各种材料和方法，但研究仍然是一片空白，毫无进展。

就在达盖尔要对此项研究绝望时，有一天，他意外地发现了一种影像居然留在了胶片上。达盖尔大喜过望，立刻

小心翼翼地整理实验桌上的所有化学物品，想弄明白到底是什么东西使自己这项原本早已山穷水尽的研究又突然变得柳暗花明？结果，他惊讶地发现，原来是一支温度计破碎后留下的水银。

在不经意之间，熊旁发明了世界上第一种无烟炸药，而达盖尔则研发了摄影洗印技术。其实在科学研究过程中，像熊旁和达盖尔这两个歪打正着的成功真是屡见不鲜，但没有他们的不懈努力，没有他们的锲而不舍，成功的果实能被他们如此偶然地摘到吗？

在这个世界上，幸运总是偏爱那些坚韧不拔的人，只要你的脚步不停歇，意想不到的风景总会闪过你的眼帘。

只要你努力，成功虽然不能预期，但却不会远离你的预料。

成长笔记

熊旁和达盖尔歪打正着的科学发现真令人羡慕不已，但如果没有他们平时的努力，也不会有如此的"偶然"。成功并不是遥不可及的，只要我们锲而不舍，全力以赴朝着成功的方向努力，就可以不断地接近成功。

因小失大

[美国] 富兰克林

在一个假日里，同伴们集钱购买玩具，而我是负责跑腿的。当我口袋里装满了同伴们的铜板时，我立即向儿童玩具店跑去。有必要说一下，当时我只是个7岁的孩子，路上，我瞧见别的孩子手里拿着哨子，哨子吹出的声音把我迷住了，于是，我就把铜板统统掏出来，换了一只哨子。我回到家里，一蹦三跳地吹着哨子跑遍全屋，为此颇感得意，不想妨碍了一家人。我把哨子所付的钱数告诉兄姐和堂哥堂姐时，他们说我付了四个哨子的钱，还对我说，多付的钱本来可以买许多好玩的东西。他们嘲讽我做了件蠢事，我出于气恼而大声哭起来。即使现在再想到这件事，我所感到的羞辱，远远超过哨子带给我的乐趣。

这件事一直印在我的脑际，并且后来对我的人生颇有教益，每当别人引诱我去买那些我用不着的东西时，我常常告诫自己："别为哨子花太多的钱。"我把钱省了下来，长大成人以后，闯进了大千世界，结识了形形色色的人，我发现有许多"为哨子付出了太多的钱"的人。

有的人渴望得到宫廷的青睐，把时间浪费在宫廷会议上，放弃了休息、自

由、美德，甚至朋友，在我看来，这种人为他的哨子付了过高的代价；有的人为了争名夺利，时常参与政事，从而忽视了自己的本职工作，最后因此而堕落，我认为，这种人为他的哨子付出的代价实在太高；有的守财奴为了敛财致富，不惜置一切舒适、一切与人为善的快乐、别人对他的尊敬和友谊的欢乐于不顾。对此，我劝诫他们说："可怜的人啊，你为你的哨子付出了过高的代价。"

当有的人专事寻欢作乐，不努力提高自己的志向或社会地位，忽视健康，只沉溺于眼前的良辰美景时，应该劝诫他们说："错了，你这样做适得其反，在自讨苦吃；你为你的哨子付出了过高的代价。"

有的人注重于外貌仪表，讲究衣着，欲置备豪华舒适的住宅、精雕细琢的家具和富丽堂皇的马车，但他的财力根本未达到此种消费水平，结果弄得债台高筑。我感叹道：你为你的哨子付出了太高的代价。总而言之，人类一切痛苦的事，大都由于对事情的错误估计，亦即因小失大——"为他们的哨子付出了过高的代价"。

成长笔记

生活中存在许多诱惑，沉溺于这些诱惑之中，便会忘了什么才是人最该追求的。人应该有自控能力，懂得在利益面前站住脚，千万不要在诱惑中迷失自己，要冷静地对待问题，从而避免发生因小失大的悲剧。

从碗碟间走出的物理学家

吴友智

一天，瑞利的家里来了几位客人。瑞利的母亲亲自动手沏茶，并很讲究地把小茶碗放在精致的小碟子上，端到客人面前。

年轻的瑞利始终坐在一边，他看到，母亲每次端茶时，一开始，茶碗在碟子里很容易滑动。可是，他发现当洒一点热茶在碟子里后，即使母亲的手摇晃得更厉害，碟子倾斜得更明显，茶碗却像粘在碟子上一样，一动不动了。

经过不断的实验、记录、分析，他对茶碗和碟子之间的滑动做出了这样的结论：茶碗和碟子看上去光洁、干净，实际上表面总留有指头和抹布上的油渍，使茶碗和碟子之间的摩擦系数变小，容易滑动。当洒了热茶后，油渍被溶解了，碗碟也就变得不容易滑动了。

在这个基础上，他又研究了油和固体之间的摩擦。他指出，油对固体之间的摩擦力的大小有很大影响，利用油的润滑作用，可以减小摩擦力。

后来，人们就根据瑞利的发现，把润滑油应用到生产和生活中去了。现在，从尖端科学实验到大型机器设备，从现代化生产到日常生活，几乎都要用到润滑油，甚至连小孩也知道润滑油的作用，这不能不感谢瑞利所作出的

贡献。

　　瑞利从母亲手中的碗碟之间开始了对物理学的研究，后来成为著名的物理学家，并于1904年获得了诺贝尔物理学奖。

成长笔记

　　生活处处皆学问。文中母亲的碗碟成就了一位物理学家，这真是一个奇迹。瑞利通过敏锐的观察和辛勤的工作获得了成功，我们是不是也受到启发呢？

谁也阻止不了你去梦想

任欢颜

他叫吕克·贝松，法国人。

那一年父母带他去摩洛哥度假，晚饭后沙漠上开来一辆拖拉机，有一条白色带暗花的床单被横空扯起来，用两根树干状的东西挂在了沙漠上。忽然，白色床单上竟然出现了人影与音乐。他顺着一束有很多飞虫在跳舞的光望过去，发现它们来自拖拉机里一台神秘的仪器。

"那是放映机，"妈妈说，"我们看的是电影。"

他安静下来，仰着头看电影，那是一部喜剧片，但他并不觉得怎么好笑。看到一半的时候，有只骆驼刚巧经过，因为床单挡住了它的去路，看样子它是打算把床单扯下来。于是很多人就跑去抓骆驼；这一回他笑了，对他来说，"屏幕"下的这部喜剧更可乐。

他说那是他第一次看"三维电影",事实上,那也是他第一次看电影,"第一次,我认识到电影是这么有趣的东西。"

那一年,他9岁。

青春期的时候,满脑子的奇异幻想简直令他痛苦,他就写下来,并把那些文字自称为"剧本"。大多数剧本的第一读者都是那只黑色的垃圾桶。可是,那发生在23世纪的《第五元素》就是他16岁那年写的,这部影片在他四十岁那年被搬上银幕,全球票房达两亿美元。

20岁的时候,他已经写了30个剧本,因为想象力太过丰富,更因为无事可做。他的法语拼写实在不怎么样,所以不大敢把那些剧本拿出来给人看,那些令日后的人们惊喜的奇思妙想就这样成为他青春期里的秘密。不过他也有这个年龄的孩子特有的狡黠,去找班上法语成绩第一的女孩帮他纠正错误和打印剧本——因为他发现"她有点喜欢我"。可是事实上她有点丑,他并不想和她在一起,但又必须有人纠正他的错误……很多年以后,他评价说:"你看,艺术家的生活就是这样。"

就在 20 岁那年，他去报考一所电影学院。第一关面试，考官让他说出他最喜欢的导演，他就说了几个名字，可还没等他说完，就被制止了，对方告诉他，他根本不适合这里。而 15 年后，已名满天下的他被这所电影学院请去教书，他说"我教的东西不适合你们"。是的，这个大导演还有点儿记仇。

他确实不打算原谅他们。

20 岁，他那么年轻，浑身上下充满那么不可思议的力量，他刚刚确定自己一生的梦想就是"电影"，可是，他们说他不适合。

这个"不适合"的年轻人此后摸爬滚打于好莱坞的电影圈。他从最底层的小工做起，四年之后他成立了自己的电影公司——"皇太子影片公司"。之后，他拍摄了九部影片，《碧海情》、《尼基塔》、《这个杀手不太冷》、《第五元素》……部部经典，他成为世界上最牛的导演之一。

2006 年 12 月，他的第十部电影在法国上映，而 48 岁的他就在此时宣布：这之后，他将放弃电影，投身于慈善事业，去帮助那些有梦想的年轻人。

他说："梦想对一个人来说就相当于汽油对汽车一样。在世界上任何一个国家，任何一种政权下，谁都不能阻碍你去梦想，这是一种难以置信的力量。即使你被关在一个很小的囚室里，什么都不能做，但是谁也不能阻止你去梦想。"是的，谁也阻止不了，而他更要帮助那些有梦想的年轻人去实现梦想，因为他们就是曾经的自己。

电影的本质不就是梦吗？

48 岁的吕克·贝松在他美梦成真之时，要让更年轻的人去做梦，这是他对电影最虔敬的理解，更是他对梦最深邃的感悟。

成长笔记

梦想是人类远航的风帆，是人类飞翔的翅膀。有了梦想就有了行动的目标，更有了行动的动力。因此，不论何时何地，不论逆境顺境，我们都不可放弃心中的梦想。

人生第一桶金子

在我挣得那笔钱的同时，我学会了忍耐与承受，学会了怎样去做一个勇于向自己挑战的男人，这足以使我受用终生。

凌晨 3 点的面试

耿景辉

　　有一个公司的重要部门的经理要离职了，董事长决定找一位德才兼备的人来接替这个位置，但陆续来应聘的几个人都没有通过董事长的"考试"。

　　这天，一个三十多岁的留美博士前来应聘，董事长却通知他凌晨 3 点来他家考试，于是这位青年凌晨 3 点就去按董事长家的门铃，却没有人来应门，一直到 8 点钟，董事长才让他进门。

　　考试的题目由董事长口述，董事长问他："你会写字吗？"年轻人说："会。"董事长拿出一张白纸说："请你写一个白饭的'白'字。"他写完了，却等不到下一题，疑惑地问："就这样吗？"董事长静静地看着他，回答："对，

考完了！"

年轻人觉得很奇怪，这是哪门子的考试啊？第二天，董事长去董事会宣布，该名年轻人通过了考试，而且是一项严格的考试！

他说："一个这么年轻的博士，他的聪明和学问一定不是问题，所以我考其他更难的。"

他接着说："首先，我考他牺牲的精神，我要他牺牲睡眠，半夜3点钟来参加公司的应考，他做到了；我又考他的忍耐，要他空等5个小时，他也做到了；我又考他的脾气，看他是否能够不发飙，他也做到了；最后，我考他的谦虚，我只考堂堂一个博士5岁小孩都会写的字，他也肯写。一个人已有了博士学位，又有牺牲的精神、忍耐、好脾气、谦虚，这样德才兼备的人，我还有什么好挑剔的呢？我决定录用他！"

成长笔记

　　董事长看重的是博士的具体行为，因为这些行为体现了他优秀的品德。因此，一个人拥有高学历是不够的，还需要有高尚的品质。我们也应该注意自己的言行举止，因为这些都会体现一个人的素质。

0.01 秒的奇迹

冰 雪

在 1988 年韩国汉城奥运会上，男子 100 米蝶泳决赛正在如火如荼地进行。

领先的是美国泳坛名将马特比昂迪，他已经把其他选手抛在身后，正向终点冲刺；观众席上狂热挥动的星条旗也似乎表明，他将是这场比赛的冠军，稳操胜券。

到终点了，比昂迪从水中探出头来，举起双手，想第一个庆祝自己的胜利。但显示屏上还没显示出成绩，整个赛场沉寂了几秒钟。过了一会儿，成绩出来了，一个叫安东尼·内斯蒂的苏里南选手以 0.01 秒的优势战胜比昂迪，获得了男子 100 米蝶泳的冠军！但在比赛之前，根本没人注意过这个来自苏里南的选手，甚至不知道这个国家。

结果为什么会是这样呢？通过慢镜头的回放，可以看出，在冲向终点的一刹那，比昂迪并没有保持蝶泳状态，仅是依靠自己游动着的身体的惯性，滑到了终点，而几乎就在同一时刻，来自苏里南的选手内斯蒂始终保持蝶泳的最佳姿态冲向终点，以致他

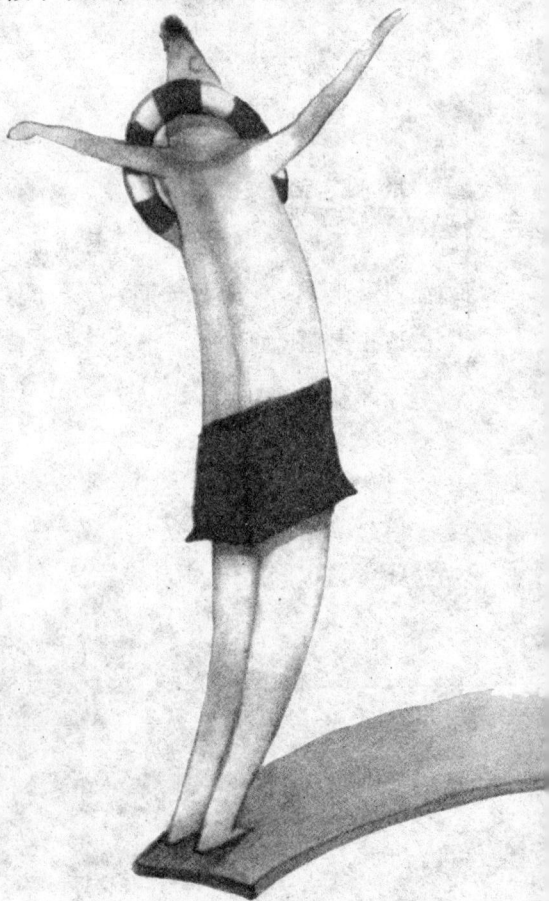

差点把头撞到了前面的墙壁。正因为这样，他在最后的关键时刻超过了比昂迪，第一个到达了终点，成为这次比赛的最大冷门。事情不仅如此，内斯蒂夺得金牌不仅震惊了奥运会内外的游泳行家们，也震动了他的国人，苏里南政府宣布全国放假一天，来隆重迎接凯旋的内斯蒂。他是自 1960 年苏里南参加奥运会以来第一位也是唯一一位获得冠军的黑人选手。这次比赛也被人们称之"0.01 秒的奇迹"。

成长笔记

"百里之行，九十为半"，仅仅慢了零点零一秒，金牌就被内斯蒂夺走，这的确出人意料。比赛场上需要争分夺秒，生活中也是如此，往往一个细节就能改变全局。因此，人不能放松任何一个细节，坚持到底方能取胜。

人生第一桶金子

浩 月

在 1992 年的鲁南偏远县城，对一个 17 岁的贫穷乡下少年来说，500 元钱意味着什么？那无异于一桶沉甸甸的金子。

在家里穷得连化肥都买不起的时候，我毫不犹豫地辍学回家了。大学梦在瞬间破灭。老师和同学们苦苦挽留，甚至表示要替我交学费，我笑着谢绝了。面对一穷二白的家，我浑身有使不完的力气，觉得自己应该像个男子汉一样撑起这个家。我开始四处找工作。适合我做的工作有许多，比如到工地去给泥水匠搬砖头，到钢铁厂去烧锅炉，到大修厂当学徒，可我都不愿意去干。我嫌报酬太少，最多的月工资才 120 元，远低于我的想象。

有一天，四叔要我到漂白粉厂去试一试。那家漂白粉厂在城郊，四叔已在那里工作了半年多，收入颇丰。只是从四叔那消瘦的脸庞可以看得出来，那不是好活儿。

我答应去试一试。第一天上班，恰逢装车，工地上，一袋袋漂白粉码成了一座小山。50 公斤一袋的漂白粉很沉，但不知道怎的，我竟坚持下来了。下班时我在心里算了一笔账，全天一共扛了 220 袋，共计 11 吨。我吓了一大跳。

晚上，我吃不下饭，只觉得心口发紧。奶奶问我怎么了，我强装笑颜说：

"今天扛了 220 袋漂白粉，一袋一毛钱，我挣了 22 元。"晚饭后，我早早地回屋里休息。突然，胸口一阵郁闷，一口腥热的东西从嘴里涌了出来，那是鲜红的血。但我没有声张，悄悄将脏衣服洗了。

第二天，我早早醒来，喝了一碗鸡蛋汤，又去上班了。我不愿丢掉这个挣大钱的机会。踏着自行车，享受着树荫下的习习凉风，我觉得这个夏天充满了希望。从这天开始，我成了一名漂白粉厂的全过程生产工人。

漂白粉的生产过程很简单。用水将石灰块泡开，用铁筛筛出细末，剔掉石块杂质，装进氯气库进行化学反应，三天后拉出来装进袋子。但我敢说生产漂白粉是世界上最苦最累的活，因为全靠手工操作。

那时厂里没有自来水，所有水都需要从水井里打上来，再用桶提到厂房里。石灰堆像个永不知足的喝水机器，一车石灰要喝几百桶水。每天，我的手指都被水桶的铁提圈勒得又红又肿。

筛石灰时，为了防止石灰粉腐蚀皮肤，再热的天气也要穿三层以上的衣服，扎上裤角衣袖，用毛巾围紧脖子，嘴上还要扣着一个又重又笨又透不过气的防毒面具。为了多挣一些钱，我常在中午加班筛灰。顶着烈日，身体在层层包裹里大汗淋漓，石灰粉末无孔不入，和汗水溶在一起，身上仿佛就像爬了一万只蚂蚁在咬，火辣辣地疼。偶尔防毒口罩一松动，一团粉尘扑来，会呛得人满脸泪水。就在这样的环境下，我一锹一锹筛掉了一堆又一堆的石灰。

比起到氯气库将漂白粉运出来，筛石灰算得上一件很轻松的活。由于闷了三天，库里几乎没有氧气，温度高达五十多度。进去的时候首先要深呼吸三次，然后钻进去一口气用铁锹将漂白粉铲满一袋子，再飞快地拉出来。整个过

程只需三分钟，却像一个小时那么难熬。

夜里加班是最迫不得已的事。休息的时候，躺在沾满露水的草地上，望着天空的星星，想着自己的将来，稍不留神就睡着了。我每次被人叫醒的时候都睡意正浓，浑身酸痛，真想什么都不管一觉睡到天亮。

发薪的前几天，为了凑足500元这个整数，我和四叔又抓紧时间各自加了几回中午班。去河里洗澡时，四叔看着我身上被漂白粉灼伤的如鱼鳞一般的皮肤，哭了。我向四叔炫耀地鼓起胳膊上的肌肉说："这没什么。"

当我领到平生第一次用自己的双手挣到的500元钱时，我觉得自己是世界上最富有的人。我知道我创造的远远不止这些，但我仍然感到很幸福。我装着这笔钱和四叔、工友们到城里的小酒馆里大醉了一次，然后给自己留下20元零花钱，剩下的一股脑儿交给了奶奶。

奶奶终于发现了我身上的伤，再也不肯让我去卖命。二叔又给我找了个在工地上打磨地面的活儿。几年过去了，现在，我已经有了一份清闲的工作，月收入也远远超过500元，但我始终认为，那第一次领到的500元是我人生中最大的一笔财富。因为，在我挣得那笔钱的同时，我学会了忍耐与承受，学会了怎样去做一个勇于向自己挑战的男人，这是使我受用终生。

成长笔记

勇于挑战自己的人不仅是勇士，也是智者。面临窘境，充满信心地勇往直前，坚定意志，只要坚持下来，就会有能力战胜困难。在历经磨难之后，我们才能更加强大，才能胜己，既而胜人。

人生的简历表

潘　炫

那一年，我18岁，只因一件极小的事而一时头脑发热，决定走出家门去闯闯。

说起来我也没有错，无非是爱读一些汪国真的诗，也爱信手涂鸦几句，而这一切都被父亲视为大逆不道。父亲是一个脾气暴躁粗鲁而思想传统的农民。在父亲几次声色俱厉的训斥下，我终于怒不可遏的反抗起来，结果我毫不犹豫地离家出走了。

我选择了去北京。在我看来，北京的空气中都飘着诱人的文化气息。不料想事与愿违，抵京后我才知道，我的这种选择是多么的不明智，我首先要面对的是生存问题。

为了能生存下去，更为了有朝一日能出人头地，我先在苹果园地铁站附近找了一份工作，在建筑工地上当小工。我每天顶着烈日，汗如雨下地重复着搬

砖、翻沙、和灰的单调工作，为了那个在父亲眼中一文不值的文学梦我忍辱偷生。每天傍晚收工之后，我都蜷在闷热的民工房里，啃着馒头咀嚼着有血有肉的文字。有几个四川人时不时地戏弄我，也没有改变我对文学的虔诚与痴迷。

也许是我一如既往、持之以恒的精神感染了别人，有一天，平时也拿我找乐子的工头告诉我，一家小报社招聘印刷工人。当印刷工人待遇虽然不高，但总比窝在工地上强，况且，与那些飘着墨香的文字朝夕相处正是我求之不得的。于是我没有多想，第二天就请了假，激动不已地准备去应聘。我特意洗了个头，换上那件平时舍不得穿的格子上衣。

没想到等我几经周折走进那家报社的大门时，我顿时感到无地自容，心灰意冷了。我面前的应聘者都穿着清一色的白衬衣，打着领带，唯独我像一只丑小鸭，寒酸至极。

我正打算逃之夭夭，一位主考官把我们召集起来，准备面试。我就这样赶鸭子上架，心如鹿撞得进了一个副主编的办公室。

看见我的那一刻，那位副主编显然也是始料不及，他惊愕的眼神让我一下子不知所措。

他随后拿起一张表，让我先当着他的面填好。我忐忑不安地坐下来浏览简历表，我的头顿时"嗡"的一声蒙了，那表格中有关大学名称、发表作品情况的内容，轻易地击碎了我心中的一切梦想。我一操着蹩脚的普通话，嗫嚅地问："招印刷工人还需要大学文凭和作品吗？"那位副主编先是一愣，继而温和地说："你可能搞错了，我们这里招聘的是记者和编辑。"

我一时语塞，如坐针毡。当时我能想到的唯一做法就是夺门而去。可我没有，我告诉他，我喜欢文学，正因为如此，我才离家出走以期望在文学上有所发展。我支支吾吾地讲了一刻钟，他很耐心地听完，接着从抽屉里拿出另外一张简历表，

说："你如果愿意做一名印刷工人，我今天就破例聘用你，可你知道是为什么吗？"我摇摇头。"那是因为你对文学的痴迷打动了我。我可以留用你，可我相信，你进了印刷厂以后就很难在文学上有太大的发展，因为你学习文化的大好时光将会被那些无情无义的机器消磨殆尽。"

我低下头，心想，现在我应该坐在教室里过着紧张而又有意义的高三生活，可我却如此执迷不悟，我远离校门也许与我想在文学上有所成就的初衷相抵触。正在我犹豫不决的时候，那位副主编又说："你可以带上这张表格回去想想，读书还是当工人，填还是不填。"

我郁郁寡欢地揣着那张简历表回到了工地。见我一副失魂落魄、恍恍惚惚的样子，工头和几个四川人幸灾乐祸的嘲弄神色也断然收住。他们肯定以为那个开过了头的玩笑对我打击太大了，我才沮丧得不说一句话。

我没有理睬他们，那一夜我想了很多。那张特别的简历表一直放在我的胸口，让我眼潮心热。因为我从那上面看到了父亲与工地民工所不曾给我的理解与尊重，也看到了我狭隘的心灵不曾解读的人生与梦想。

第二天，我义无反顾地坐上了返乡的列车。10年后的今天，当我在文学上有所建树并且成为一家报社的编辑时，那张简历表仍摊在我的心头。我念念不忘的不是今天的成就，而是当年我迷失时从它上面感受到的那份入肌切肤的温情。我终于知道，人生有很多转折点，关键处却只有几步，选择坚持与放弃绝对是迥然不同的天地。

我将一直保存那张简历表，并将它视为我一生的珍藏。也许在许多人眼中，它真的不算什么，但它却是我人生的第一张简历表，它与我的一生息息相关。

成长笔记

人生是一趟单程列车，上错了车、走错了路就无法回头重来。有时，我们急于寻找梦想，却搭错了列车，从而驶向了与梦想相反的方向。慎重选择，谨慎行事，才能让人生的简历表丰富多彩。

进　取

张平树

　　第十六届法国世界杯足球赛，据说给足球界的启示是进攻，进攻，进攻；部队有一首军歌，唱道"向前，向前，向前"；人生最需要的则是进取，进取，进取。

　　进取，是一支飞驰的利箭，它不能搭载任何辉煌的包袱。

　　在过去相当长一段时间里，学历、资历曾经是人们获得位子、房子、车子和票子的重要依据。但据说"洋鬼子"不兴这一套。第二次世界大战以盟国的胜利、法西斯的失败而告结束。英国首相丘吉尔是盟国三大巨头之一，他率领大英帝国的船队绕过了战争的暗礁，避免了英伦三岛的沦陷，可谓战功赫赫。然而在战后的首次大选中，丘吉尔被选民赶下了台。当时有记者采访丘吉尔，说："你在二战中战功卓著，却失去了首相宝座，这是否意味着英国人忘恩

负义?"

丘吉尔肯定地点了点头,说:"是的。"但他接着话锋一转,"但是,只有忘恩负义的民族,才是有出息的民族。"

丘吉尔既没有怨天尤人,也没有躺在过去的功劳簿上自我陶醉,而是厉兵秣马,摩拳擦掌,以备再战。结果,他在后来的竞选中又夺回了首相宝座,而且成为英国著名的政治家。

无独有偶。1992 年,美国当时的在位总统布什与克林顿竞选下届总统。布什打起了"在二战中驾驶战机与法西斯作战"的旗子。可美国选民说:美国人民不需要一个只会讲战争故事的总统。尽管布什有着丰富的外交阅历,又挟海湾战争的余威,可他却敌不过为美国人民描绘了美好前景、年仅 46 岁的克林顿。后来是克林顿成了美国的总统。我很为布什愤愤不平,可实践证明,朝气蓬勃的克林顿实在是身手不凡,他使美国进入了近四十年来最好的经济发展期,高就业,低失业。克林顿在下届竞选中连任。

一个人,可能有辉煌的过去,曾经过五关斩六将,但如果只满足于过去的辉煌,便只会给前进的双腿绑上石头,给进取的利箭套上美丽的花环,给奋飞的翅膀裹上五彩的绸缎。

沉湎于过去的回忆,是老人的专利。人只有生理上的老人,而没有心理上的老人。

成长笔记

　　无论沉湎于自己的成功还是失败,都是不可取的,都会让人心偏执,从而在人生的路上停滞不前。人生的路很长,凡事都需要积极地向前看,进取才是最佳选择。

1 000 美元可以做什么

廖仲毛

在 1980 年的某一天，刚满 19 岁、大学还没有上完的美国青年戴尔，靠卖电脑配件赚到了 1 000 美元。他在日记中写道：用这 1 000 美元可以一、搞一次不为世人所知的酒会；二、买一辆二手福特轿车；三、成立一家电脑销售公司。

第二天，戴尔用这 1 000 美元注册了公司，开始代销 IBM 电脑。一年后，他开始组装电脑，并推出了自己的品牌。如今，戴尔电脑的销售额居全球第二，利润额居全球第一。

无独有偶，原任微软中国有限公司总裁的中国青年唐骏，1990 年赴美国攻读博士学位时，一分钱也没有，靠打工生活。当他有了不到 1 000 美元的积蓄

时，也想到用它来注册一家公司。但他考虑到资金不足，就先开发了一个当时很热销的卡拉 OK 机的打分软件。这项技术很快被韩国的三星公司买下，唐骏得到了 8 万美元的专利费。他用这些钱注册了自己的公司——美国双鹰软件公司。当他的事业有所发展时，他被比尔·盖茨看中，许以高位和期权，收于门下。他先是担任微软总部一个项目部门的经理，接着升任微软全球技术中心总经理；2003 年 3 月，他升任微软中国有限公司总裁。

1 000 美元，折合人民币还不到 1 万元。如今，很多人都能拥有一张 1 万元的存折。有人用它购买心仪已久的名牌服装；有人去某个风景名胜潇洒走一回；更多的人则可能想到存入银行，以后用于成家、购房，或以备不时之需。而敢于在时机最佳时，用它去注册一家公司的人少之又少。

很多时候，我们并不缺那 1 000 美元，缺少的是创业的决心和信心。商海中大部分成功人士，都是在别人认为"那是在做梦"的情况下，勇敢地迈出了创业的第一步。无论是退学去开发视窗软件的比尔·盖茨，还是发现门户网站背后商机的张朝阳；无论是辞掉公职去乡下搞养殖的刘永好兄弟，还是弃官不做借 5 万块钱办起用友软件公司的王文京，他们的成功都是在条件根本不具备的情况下，迈出了创业的步子。创业条件，会随着时间的推移而逐渐具备，创业的勇气和机遇却要靠自己把握。如果等到万事俱备才去注册公司，谁能保证这些成功者的命运不会被改写？

成长笔记

决心和信心是我们最大的财富，不要等到万事俱备才去开创事业，因为到那时，恐怕机会已与你擦肩而过了。生命于我们只有一次，请不要彷徨张望，把握机遇，努力为自己的梦想而奋斗吧！

只要信心不被打碎

阿 健

　　在那个阴雨绵绵的早晨，我正为大学毕业后连续数月东奔西跑地求职却没有找到一个接收单位而沮丧万分，一个人沿着乡间小路踽踽而行。

　　不知不觉我已站在了离村子较远的一座土窑前，猛抬头，那位近年才开始学习烧制瓦罐器皿的老人的行为将我的目光定住了：只见他大步走到窑前，眉都没皱一下，便抡起一根铁棍，"咣咣咣"，将一大排刚刚出窑的形状各异、大大小小的瓦罐全部打碎。

　　我不解地走上前去，问老人为何将它们全都打碎了。

　　老人不紧不慢地说："火候没掌握好，都有一点儿小毛病。"

　　我惋惜道："可是你已经花费了许多的心血啊！"

　　老人长吁了一口气道："那不假，可我相信下一炉会烧得更好些。"老人坚定的口气里，透着十二分的自信。

　　看到老人又坐在霏霏的雨丝中，再次从头开始，认真地、一点一点地做着泥坯。他那坚决推倒重来、成功在握的从容自若，深深地打动了我——是啊，即使所有的瓦罐都打碎

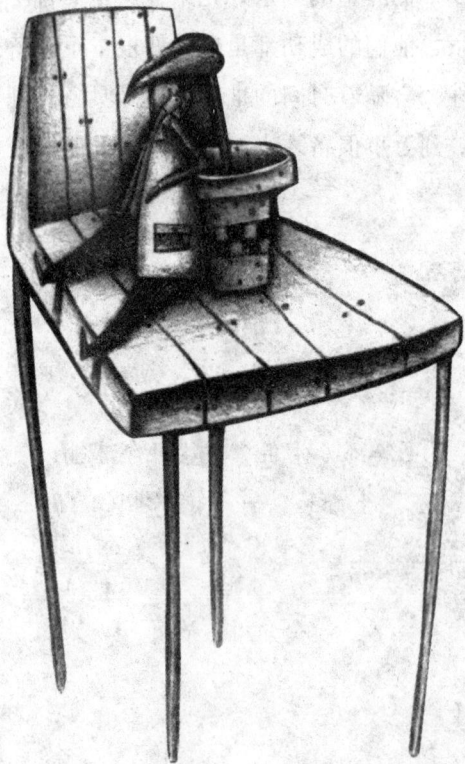

了也没有关系，只要人心中执著的信心和伟大的创造力不被打碎，他就不愁做不出更加满意的瓦罐。

　　默默地，我朝老人深鞠一躬，转身跑回家中，背起简单的行囊，毅然加入到南下的打工队伍中。在一次次焦灼的等待后，在一次次失望的重击后，我终于谋到了一份很艰辛的工作——在一个建筑工地当小工。

　　数年后，我拥有了一家不小的公司。

　　是的，在我们的生活中，总会遇到种种失败，然而这时，谁能咬紧牙关，告诉自己：我还有人生最宝贵的东西——不肯折弯的信心，且紧紧地握住它，谁就会在艰难中平添一股勇气、一股无所畏惧的力量，就会觉得脚还踏在上地上，血还是热的，路还没有完全断绝。闯下去，拼下去，用那不肯投降的双手创造出的，一定是一方令自己都无比惊讶的新天地。

成长笔记

　　只要拥有不可战胜的信心，什么困难都无法将我们击倒；只要有坚持下去的信念，我们就有无尽的力量源泉；只要我们执著地追求并为梦想打拼，就能开辟出新天地。

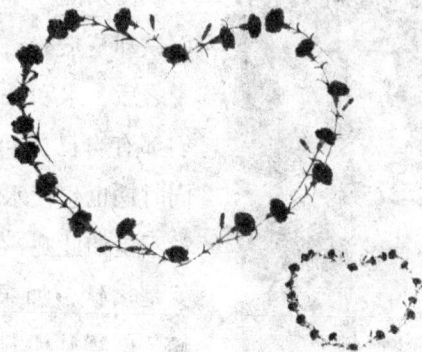

激情融化冰雪

李素素

心由境造，境由心生。心冷了，太阳都不再温暖；心热了，冰雪也会融化。

经历了黑色6月，我并没有取得自己梦想中的好成绩，尽管分数还说得过去，但只能进一所不起眼的大学。

经过半年，我终于熬到放寒假的时候。在家的时候，父亲向我问起了大学生活，我告诉他说："其实真的很没劲。"

我的父亲是个铁匠。他听了我的话后，脸上一直很惊愕，沉默了半晌之后，转过身用他那粗糙无比的手操起了一把大铁钳，从火炉中夹起一块被烧得通红通红的铁块，放在铁垫上狠狠地锤了几下，随之丢入了身边的冷水中。

"吱"的一声响。水沸腾了，一缕缕白气向空中飘散。

父亲说："你看，水是冷的，然而铁却是热的。当把热的铁块丢进水中之后，水和铁就开始了较量——它们都有自己的目的，水想使铁冷却，同时铁也想使水沸腾。现实中，又何尝不是如此呢？生活好比是冷水，你就是热铁，如果你不想自己被水冷却，就得让水沸腾。"听后，我感动

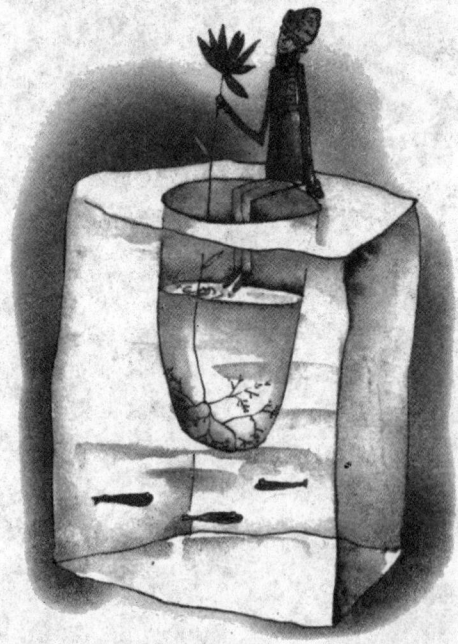

不已，朴实的父亲竟说出了这么饱含哲理的话，让我真的深受感动。

第二学期开始了，我反省自己，不停地努力，学习终于有了一点儿起色，内心也开始一天天地丰富充实起来。

没人喜欢挫折，没人愿意奢望多，收获少。但是，当你本能地去生活、去追求幸福时，你的主要目标之一就是最大限度地减少挫折、增加欢乐。

没有人喜欢磨难，没有人放着笔直平坦的大道不走，而选择坎坷不平的羊肠小道。但是，当生活中的磨难落在了你头上，当没有宽阔平坦的大路时，你就要坦然面对，不能逃避，逃避只能让你滑入生命的沼泽地，越陷越深，最终将被生活淘汰或遗弃。

只要你抱着生活中的挫折是生活馈赠给你的礼物的态度，你便不会抱怨生活的不公了，这些礼物就是坚定的信念和积极的生活态度。

成长笔记

我们可以把生活中的挫折看做是生活馈赠给我们的礼物，正因为经历了这些挫折，我们才变得比从前更加坚强、自信。当下一个挫折来到时，请坦然面对。

人生一课

蔡 良

一次，我为培训中心代课，只来了四个学生，我认认真真地上了两个半小时。回家时天黑路滑，跌了一身泥。事后，有个朋友好心地劝我："干吗要这样认真，出两个思考题糊弄一下不就行了？"我说："我不能辜负那四位顶着风雨来上课的学生。"他似乎很不理解。其实，我还有段心事没有说出来。

在我上大学二年级的时候，一个周末下午，有堂选修辅导课。教师是从另一所大学请来的。当时开学不久，再加上是周末，学校组织了好几个活动，班里的同学都忙得不亦乐乎，谁也没心思去上什么课了。当时我正准备参加一场年级足球赛，成天忙着在球场上训练，当然也不准备去听课，尤其是这种辅导课。

跑到球场，我才发现没带足球鞋，只好又转身回到教室。我一头冲进教室，脚步却不由自主地停住了：教室里空空荡荡，只有一位埋头擦汗的白发老人坐在前排。我不觉一愣，才想起今天下午有课。不知为什么，我心里有些紧张，便把脚步放轻放慢，然后向座位走去。"来上课的？"一个沉着的声音在教室前排响起，我感到有一种深邃的目光在望着自己。我没敢吭声，坐在座位上穿好足球鞋。就在我刚想站起来的时候，他突然转过身来，一字一句地对我说："只有一个人，我这课也要上，不能辜负你。"

这句话就如同一枚钉子把我钉在凳子上。他走上讲台，背影有些苍老，但脚步却很坚定。我看见他打开厚厚的一叠教案，然后转身，一丝不苟地写下一行

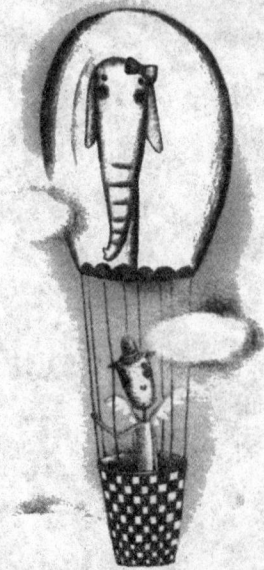

板书，他的声音依然沉着而洪亮，空空荡荡的教室里响起一种震撼人心的回声。我悄悄地把那双足球鞋脱了，又悄悄地拿出课本，仔细地放好，用一种近乎虔诚的心情去捕捉老师的每一句话，每一个动作……

后来有很多在球场上的同学都回来了，和我一样，端坐在课桌前，听这位白发的老人给我们上课。事后我才知道，他们在操场上等我，老不见人，便来找我，却在窗外看到教室里的情景，大家你看看我，我看看你，都从后门悄悄溜进了教室。这堂课时间过得真快，我真希望时间能过得慢点，好让更多的同学来听他的课，好像只有这样才不辜负他的一片心。下课了，他拍拍身上的粉笔灰，向我点了点头，夹起教案走出教室。望着他的白发和微驼的背，我的眼睛有点湿。

从那以后，我再也没有遇到这位教师，可他说的那句话却深深地铭刻在我的心里。真的，不论遇到什么困难和挫折，我们都不应该辜负别人的信任和尊重，也许只有这样真诚地对待生活，回首往事时，我们才不会有什么愧疚和遗憾。

成长笔记

一个优秀教师的责任不仅是传授知识，还有一个更重要的使命，就是教会学生做人的态度，教会学生如何尊重他人。身教重于言教，老师的一个善行就胜过讲许多大道理。

梦想是机遇的引擎

李丹崖

爱德华·包克还在少年的时候，就在自己的心灵深处埋下了一颗梦想的种子，那就是：有朝一日，他一定要通过努力创办一本属于自己的杂志。虽然每当他把这个梦想说给别人听时，大家总认为他是痴人说梦、年少轻狂，但是，包克却从不这么认为。因为他坚信，一个心怀梦想的人，只要佐以适当的机遇，赢得成功是迟早的事情。

有一天，正在大街上散步的包克遇见了一位抽烟者，只见那人打开烟盒，从中抽出了一张纸片，随即就把它扔在了地上。包克走过去，把那张纸片拾起来一看，原来上面印着一个著名演员的照片，照片的下面还写着这样一句话："这只是一套照片中的一张，凡集齐四张者，皆可领取精美卷烟一盒。"原来这是烟草公司所进行的一项促销宣传活动。包克把那张纸片翻过来，发现纸片的背面是空白的。

旋即，包克眼前一亮，他立刻感觉到机遇来了！他想，若是能把这种附装在烟盒里的明星照纸片充分利用起来，并在它的背面空白处印上与照片人物一致的"小传"，那么，这种照片的价值岂不是可以得到大大提高？

说做就做，包克很快找到了负责印刷这种纸烟附件的平板画公司，并向公司的经理说明了自己的创意。这位经理听后兴奋地说："如果你能给我写 100 位名人的小传，每篇仅需

100 字，我将会每篇付给你 100 美元。"

包克从经理的赞许中看到了希望，于是他很快就与这家公司签了合同，迅速开始了自己的工作。他先把这些小传分门别类，分为：演员、作家、总统、将军……就这样，埋藏在包克心中的那颗种子逐渐生了根并发了芽。

果然，烟草公司使用了包克所设计的这种纸烟附件后，销售量得到了很大提高。继而，"小传"的需求量也在不断增加，于是，包克不得不请人前来帮忙，他先后以 5 美元和 10 美元不等的价格雇用了自己的堂弟和五名报社编辑，以满足平板画公司的需求。

就这样，包克成立了自己的工作室，他自己做了"总编"。随着生意的日益红火，工作室的规模也在不断扩大，他就收购了那家平板画印刷公司，条件成熟后，他果真如愿以偿地创办了自己的刊物——《妇女家庭》。

包克终于成功了！

成长笔记

梦想在勤奋进取的土壤中成长，最终结出硕果。永不放弃希望、不断拼搏，终有一天梦想会变成现实。

勇敢来自锻炼

窦国祥

我在俄罗斯工作期间，对于俄罗斯政府和人民十分重视培养少年儿童的勇敢精神，留下了极其深刻的印象。这种培养主要是通过各种形式的体育锻炼来实现的。

我去过新西伯利亚市、伊尔库茨克市和规模较小的戴希脱和波拉茨克等地，见到每一个居民区、居民点，即使是几幢住宅楼中间，都有各种体育设施：单杠、双杠、吊环、荡板、滑梯、秋千、转轮、球场等，人们一出家门就可锻炼。

西伯利亚的气温常在 −35℃ 到 −40℃，与人们相伴的只有终日不断的鹅毛大雪、刺骨的寒风、冻僵的大地。这时的室内由于有暖气，温暖如春，只要穿一件薄毛衣就行。但是，孩子们不愿待在家里，宁愿在冰天雪地中活动。年轻的妈妈用车推着婴儿在阳光下散步，或是干脆把车和婴儿搁在那里，自己去干自己的事，两三岁的幼儿自己就在雪地里爬。我住在医院的宿舍里，每天见到这些小孩在雪地里玩，跌倒了自己爬起来，他们的妈妈很少去担心他们是否跌坏了，总是让他们玩个够。五六岁大的孩子就开始做更为复杂一些的运动，比如坐在装有滑轮的木板上，或是站在滑板上，从高处向低处迅速滑下。有一次，我见到一个不过5岁的男孩在下滑时滑板撞在一个树

桩上，他被撞倒后跌得鼻子出血，额头鼓起一个大血包，但是没有一个人去扶他，他坐在地上哭了几声后，又爬起来继续运动了。更多的女孩子喜欢穿着溜冰鞋，轻轻地舒展着自己的肢体，像燕子一样飞来飞去，令人羡慕。也有的女孩不过七八岁，胆子很大，从八九米高的斜坡上往下冲，然后稳稳地站住。我有很多次站在旁边目不转睛地注视着，生怕她们摔倒、骨折。但事实证明，我的担心是多余的。1991 年圣诞节，我是在新西伯利亚市度过的。孩子们把雪堆得足有四层楼那么高，然后一个个从顶端往下滑，再爬上去，再往下滑，一刻不停，没有一个孩子落伍，这些孩子的体力是很好的。有几次，我见到几个小孩在雪地上躺着晒太阳，我跟旁边的大人说，这样要冻坏的。他们笑笑说："没事。"严寒锻炼了人的耐力，也锻炼了人的意志。

西伯利亚的春天十分短促，到处都是冰雪消融后的泥泞。

雪停了没有多少时间就进入初夏时节，孩子们便欢快地投入大自然的怀抱，到密密的森林中去采集野果、蘑菇、蕨菜等；到河里、湖里去游泳，乘汽艇遨游；到儿童乐园玩各种游戏；到草地上去野营。在伊尔库茨克市医院附近，有教授日本柔道和中国气功的培训班，一些学生课余去那儿学习。那里的暑假有三个月，孩子们经常随父母到外地疗养、旅游，晒黑一身皮肤。夏季日照长，小孩多半一直玩到天黑了才回家。他们吃得很简单，菜很少，有的只吃黑面包和牛奶，但由于重视锻炼，体质都不差。有的孩子还被安排到部队去过夏令营，接受更严格的磨炼。

成长笔记

人不是天生就勇敢，需要后天的锻炼去培养意志。把生活的困境当成一种给予，人就能够鼓足勇气去正视困难。勇敢爱，勇敢生活，这是享受生活的前提。

不言放弃

胡守文

四川青年小马大学毕业后，进入一家金融单位工作，本来人生一帆风顺，可他在工作两年后，因一念之差挪用公款而被判重刑。在高墙之内，他万分悔恨，想做一些有益的事情，不虚度漫长的狱中岁月。但在没有人身自由的监狱里，他又能够做什么呢？经过一番思索后，他没有放弃努力，没有观望等待，决定精读手头仅有的一本托人捎来的书籍——《汉语词典》，以此来增长知识，蓄积力量。19个月后，一本词典被他从头到尾熟读了一遍，从中自然收获不小。同时，他竟然发现了词典中存在着三十多处不易被觉察的错误。他给编者去信谈了自己的看法，不想编者很快回了信，同意他的观点，向他表示感谢，并欢迎他继续纠错。小马眼前为之一亮，精神为之一振，立即又托人找来几本辞典，一发而不可收地研读起来。8年之后，当他减刑出狱时，已先后对各类辞典纠错三万多条，完成了一百多万字的纠错专著，在圈内已名声很响了。

小马的成功颇有些出人意料，但这份意外的成功却源于他的追求和努力。如果他觉得在狱中难以有所作为，从而放弃努力，一味等待，那么就永远不可能发现学财会的自己在汉语言研究方面潜在的特长，也永远不会捕捉到这个意外的成功机会了。

的确，机会从来不会青睐盲目等待的懒

汉和悲观失望的懦夫，只会看好那些执著地追求、始终不言放弃的人。曾读过一个小故事：三只青蛙掉进鲜奶桶中。第一只青蛙说："这是命。"它盘起后腿，一动不动地等待着死亡的降临。第二只青蛙说："这桶看来太深了，凭我的跳跃能力，是不可能跳出去了。今天死定了。"于是，它死了。第三只青蛙打量着四周说："真是不幸！但我的后腿还有劲，我要找到垫脚的东西，跳出这可怕的桶！"第三只青蛙一边划一边跳，慢慢地，鲜奶在它的搅拌下竟然变成了奶油块。在奶油块的支撑下，这只青蛙奋力一跃，终于跳出了奶桶。这个故事耐人寻味。

牛津大学曾举办过一个"成功秘诀"讲座，邀请丘吉尔前来演讲。演讲那天，会场上人山人海，人们准备洗耳恭听这位大人物的成功秘诀。不想丘吉尔却只说了几句话，他说的是："我的成功秘诀有三个：第一是，决不放弃；第二是，决不、决不放弃；第三是，决不、决不、决不放弃！"说完他就走下了讲台。会场上沉寂片刻，突然爆发出热烈的掌声，经久不息。

是的，不言放弃，这就是成功的真正秘诀。成功的秘诀就这么简单。

成长笔记

处于困境时，坚定的信念和不言放弃的勇气是获得成功的必要条件。所以，在任何情况下都不要轻言放弃，而应坚定脚步，继续走下去。这样才会获得我们想要的幸福，成就令我们自己为之骄傲的功业。

格言的力量

凯特·普理查德

曼克斯·卡勒兰德是佐治亚州一个汽车推销商的儿子，是一个典型的美国孩子。他活泼、健康，热衷于篮球、网球、垒球、游泳，是学校里众所周知的杰出学生。后来曼克斯应征入伍。在一次军事行动中，他所在的部队被派遣驻守一个山头，激战中，突然一颗手榴弹飞入他们的阵地，眼看手榴弹即将爆炸，他果断地扑向手榴弹，试图将它扔走。可是手榴弹爆炸了，他被重重地炸倒在地上，当时他发现自己的右腿右臂全部被炸掉了，左腿也被炸得血肉模糊。他痛苦得想哭，却哭不出来，因为弹片穿过了他的喉咙。人们都以为曼克斯必死无疑，但他却奇迹般的活了下来。

是什么力量支撑着他？是格言的力量。在生命垂危的时候，他反复诵读先哲的这句格言："如果你懂得苦难磨砺出坚忍，坚忍孕育出骨气，骨气萌发不懈的希望，那么苦难最终会给你带来幸福。"曼克斯一次又一次背诵着这段话，心中始终保持着不灭的希望。然而，对一个三截肢（双腿、右臂）的年轻人来说，这个打击太大了！在深深的绝望中，他回忆起又一句先哲的格言："当你被命运击倒在最底层之后，再能高高跃起就是成功。"

后来，他从事政治活动。他先在佐治亚州议会中工作了几年。然后，他竞选副州长失败。这又是一次沉重的打击。但他用这样一句格言鼓励自己："经验不等于经历，经验是一个人经过经历所获得的感受。"这指导他更自觉地去生活。紧接着，

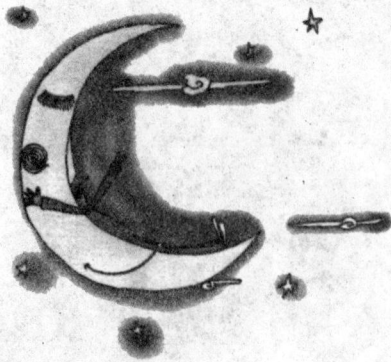

他学会驾驶一辆特制的汽车并跑遍全国，发动了一场支持退伍军人的活动。1977 年，卡特总统命他担任全国复员军人委员会的负责人，那时他 34 岁，是在这个机构中担任此职务最年轻的一个人。卡特下台后，曼克斯回到家乡佐治亚州。1982 年，他被选为州议会部长，1986 年再次当选。

今天，曼克斯已成为亚特兰大城一个传奇式的人物。人们可以经常在篮球场上看到他摇着轮椅打篮球。他经常邀请年轻人与他进行投篮比赛。他曾经用左手（他只有健全的左手）一连投进了 18 只空心篮（不碰篮板和篮筐的进球）。人生不会给无腿独臂的人丝毫同情和厚爱，他引用一句格言说："然而你必须知道，人们是以你自己看待自己的方式来看你的。你对自己自怜，人家则会报以怜悯；你充满自信，人们会待以敬畏；你自暴自弃，多数人就会嗤之以鼻。"一个四肢只剩一条手臂的人能成为一名政府部长，能被总统赏识并担任一个全国机构的要职，是格言给了他力量。同时，他的成功也成了格言的有力佐证。

成长笔记

态度决定一切，即使遭遇到不幸，也不要自暴自弃。坚定信念，勇敢地去直面人生，你会发现困难的乏力，你会体味到与命运搏击的快乐。正是曼克斯的故事让我们明白了信念的力量是多么强大！

迈步前行

马付才

　　法国机械工程师吉拉德一直梦想着造出世界上第一辆真正意义的汽车，他穷其一生追求着这个理想。

　　在他之前，法国陆军工程师居纽奉陆军大臣舒瓦瑟公爵的命令，于1771年制造出第一辆用蒸汽做动力的车，被称为"大板车"，用以运送军火。这辆车以粗木为车架，装有三个车轮，前轮既是驱动轮，又是转向轮，司机可通过一个双把曲柄控制方向。"大板车"因锅炉太大，比较笨重，难以操纵，在试车时就撞倒了一堵墙。1801年，英国人特里维西克也造了一辆蒸汽动力车，但是，这辆同样笨重的蒸汽动力车在特里维西克开着它去吃饭时，放在一家小饭店门前的棚子里，最后因锅炉烧干引起火灾，不但烧毁了一座房子，那辆车也彻底报销了。吉拉德从这些前人造车失败的经历中总结出了教训，他认为他们之所以失败，都是因为没有理论只会蛮干的结果。此后数十年，吉拉德精心研究关于机动车制造的理论，其研究细致到鉴定哪种材料造车最为合适。为此，

仅仅是图纸他就画了上万张。吉拉德为实现造出世界上第一辆汽车的梦想，孜孜不倦地研究着。但是，就在他无休止的推敲中，1886 年 1 月 29 日，德国人卡尔·本茨，一个火车司机的儿子，用高压电火花为发动机点火，采用汽化器，使用液体燃料，用前轮控制方向，造出了现代意义上的第一辆汽车，并取得了专利。

不久，本茨车（奔驰车）投入批量生产，从此，人们将 1886 年 1 月 29 日这天视为汽车诞生日。

吉拉德到死也没能实现他的梦想，他的梦想仅限于一堆图纸。吉拉德直到去世前才醒悟过来，他在日记中写道：世界上没有被计算到最完美、最精确的事物，上帝也从来没有把万无一失、一切到位的福分赐予人类，你总要去实践，总要在差不多的时候，赶紧迈步前行，否则只会在自己的圈圈里打转。

有人在吉拉德死后看到了他所写的关于制造汽车的理论和部分图纸，也许，吉拉德按照自己的理念和图纸去制造汽车，并在实践中不断修复和完善，可能世界上第一辆汽车早在 1886 年 1 月 29 日之前就诞生了。可是，天下像吉拉德这样由于苛求完美而最终遗恨辞世的人实在是太多了。他们本可能成为英雄流芳百世，但就是因为可怕的计算，让他们一生积攒起来的精华最终枯萎凋谢。要知道，天下事并非是在人们的头脑中计算出来的，而是一步步走出来的。

成长笔记

思想没有行动作为其基石，就如同空中楼阁，没有任何效用。因此，人若想成就某事，光靠想是没用的，只有通过行动，在实践的基础上总结经验，然后再去实践，才能将计划、梦想变为现实。

不要放弃你的梦想

罗 兰

　　假如一个人终生也没有找到自己活着的意义，那不是很悲哀吗？我们此生不一定要成大名，立大功，可是，我们一定要有自己的梦想，并把它具体起来，使它成为可能，然后去追求它，去实现它。追寻一个梦想是一种极大的幸福和快乐。你也曾体会过这种幸福和快乐吗？

　　有人放弃了自己的梦想，从前进的行列中败退下来，是因为他失去了自己的意志。

　　我们时常会看到，有些人好像不是在自己的意志指挥之下过活，而是在别人给他划定的范围之内兜圈子。他们所奉为圭臬，所赖以决定自己动向的，是"别人认为怎样怎样"，"我如不这样做，别人会怎样说"，或"假如我这样做，别人会怎样批评"。不幸的是，别人的批评又是那么不一致：张三认为应该向东，李四认为应该向西，赵五认为应该向南，王六认为应该向北。你如选择其一，其他三人总会指责你。

　　于是，时常顾虑到"别人怎样说"的人，他就只好一年到头在不知究竟怎样才好的为难紧张之中团团转，总也走不出一条路来。

　　这种人，即使侥幸由于他天生的善于应对而能做到"不受批评"的地步，他最

大的成就也不过是个乡愿之类的人物。别人所给他的最大的敬意，也不过是说他一句"圆滑周到"而已。而就他自己本身来说，因为他终生被驱策在"别人"的意见之下，一定感到头晕眼花，疲于奔命，把精力全部消耗在应付环境、讨好别人上，以致没有余力去追求自己的梦想。

当然，我并不是说一个人应该独断独行，不顾是非黑白。而是说，我们在听取别人的意见之后，一定要经过自己的认定和理解。我们应该自己有定见，用足够的理智去认清事实；在决定方向之后，就不再受别人意见的左右。古人说"岂能尽如人意，但求无愧我心"，也就是这个意思。我们没有办法使所有的人都同意我们，没有办法听从每一个人的意见。所以，我们尽可不必顾虑到"别人怎样说"或"别人怎样想"，而只要考虑到自己的理智怎样说，自己的良心怎样想就行了，也就是说，"我只对自己负责"。

一个人的所作所为，只要自己问心无愧，即使有瓜田李下之嫌也可以不避。也只有如此，才可以避免瞻前顾后、左右为难的苦恼，才可以使自己的梦想实现。

胡适博士曾鼓励青年人做"梦"，因为"梦"代表一种想象力，一点抱负，一些愿望，以及一些对现实的不满。正如一位哲人所说："如果你有胆量堂皇高贵地做梦，这梦就会成为预言。"

成长笔记

梦想让你的人生有了目标，有了动力，使你避免"当一天和尚撞一天钟"。有了梦想并不断为实现它而努力，你的人生就会因此而丰富多彩。

你踢开的不只是一只罐头盒

李 剑

我的童年是在乡下度过的，在那里我可以尽情地感受与自然相处的种种乐趣。那时我只有四五岁，整天漫山遍野地游荡，和小鸟、青蛙、蜗牛、蝴蝶还有蚂蚁一起度过快乐的时光。

如今，城市里的孩子们可没有我那么幸运。城市的发展使自然环境越来越多地被人工环境取代，城里的孩子们已经失去了原本可以给他们的童年带来无限乐趣的伙伴。

记得有一次我在灌木丛中发现了一个鸟窝。这是我第一次见到鸟窝，也第一次感受到了鸟儿带给我的快乐。窝里有 6 只小鸟蛋，可爱地互相挤在一起。我拿走了一只鸟蛋，向母亲骄傲地证明我发现了一个鸟窝。母亲微笑着对我说："如果妈妈找不到你，是不是会很着急？"我点点头。母亲说："你看，这只鸟蛋就是鸟妈妈的孩子。现在她找不到自己的孩子，心里不知多急呢。"于是我小心翼翼地把那只鸟蛋放回了原处。这件事对我来说是一次难忘的启蒙教育，它使我第一次懂得了做人应当有爱心。

如果类似的事情发生在今天的父母身上，那又会怎样呢？让我们设想一下，一个孩子正在仔细观察汽车挡风玻璃上的两只昆虫，他惊奇地发现其中一只昆虫有两对翅膀，而另一只昆虫则只有一

对翅膀，这正是蜂类和蝇类的区别。他连忙叫来了父亲或者母亲，想让他们分享自己的发现。但是，他的家人走过来，很干脆地拍死了那两只昆虫。成年人无法想象，他们的举动对孩子幼小的心灵造成了怎样的伤害！也许从这时起，孩子开始做出和大人一样的举动，对生命表现得麻木不仁；当他伤害动物的时候，将感受不到良心的谴责。

我不知道怎样感谢我的父母。小时候，对于我提出的每一个问题，他们总是表现出极大的关注，并耐心地予以解答。我曾经用了好几天的时间观察一种极其微小的生物，当时它们在一只盛满污水的罐头盒里游来游去。但是不久之后，它们的形状又变成了像一些倒挂着的钉子，浮在水面上，身上还包围着一层茧。又过了几天，我再去看的时候，这些虫子从壳里钻出来，张着翅膀飞走了。我怀着极大的兴趣把这件事告诉父亲，父亲解释说，这种小虫子是蚊子的幼虫，要先在水里变成蛹，最后变成有翅膀的成虫。这在我幼小的心灵上打开了一扇窗户，使我觉得世界是多么奇妙啊！

现在的家长可没那么多耐心去听一个孩子诉说关于蚊子的事情。他们很简单地一脚踢开那只罐头盒，然后向孩子历数蚊子的种种罪恶，最后得出的结论是我们必须消灭它们。孩子的好奇心就此被扼杀，变得和大人一样迟钝起来。不知家长们想过没有，你踢开的仅仅是一只罐头盒吗？

成长笔记

面对纷繁的世界，我们能给孩子些什么？是为名利尔虞我诈地争斗，还是为欲望殚精竭虑地追求？不，我们应该给孩子爱的教育，努力呵护他们那善良纯真的心，从而让他们全心融入真善美的世界中。

强盗箴言

宋小春

安萨里外出游学近十载，他学习的内容几乎囊括了那个时代人与主的全部智慧。他把这些书籍、笔记打包背在身上。

终于，他可以背着自己鼓鼓囊囊的包回家了，满怀着对知识的虔诚，离开了尼沙布尔——那个中世纪最负盛名的"知识之城"。

在西亚通向中亚的茫茫高原上，有好多的商队。为知识而奔波的人毕竟是少数，而为金钱不择手段者则充塞了道路。

安萨里遇到了强盗。他们搜掠了商队的所有财宝，接下来轮到安萨里了。

"除了这些东西，我可以把我所有的东西给你们，求你们把这些东西留给我。"安萨里抱着自己的包裹。

这些东西是什么？难道比金银珠宝更贵重？强盗们打开了安萨里的包，看到里面不过是一大堆黑纸。强盗们很迷惑，这个文弱的青年不远千里要背回家的难道是这堆没有一点儿光泽的黑纸？

"这是什么？有什么用处？"

"这是我多年的学习笔记，对你们毫无用处，对我却是无价之宝。如果你们把它拿走，我的知识就没了。求求你们，我在求知的路上付出了太多

的艰辛啊。"

黄沙弥漫，地阔天高。中世纪的太阳高悬在一文不名的年轻学者和腰缠万贯的强悍匪徒头上，苍茫而鲜亮。

强盗头子哈哈大笑，"抢走你的知识？哼！"强盗们发出此起彼伏的笑声，"什么知识？我看到的不过是一堆破书和笔记而已。捆在包里的知识和能被我抢走的知识恐怕不是你的知识吧。蠢货，打你都怕脏了我的手，滚吧！"

史书没有记载安萨里的包裹的去向。我大胆推测，强盗们一定是以轻蔑的眼神狠狠地把包裹掷向安萨里的怀里，绝尘而去。

安萨里后来成为塞尔柱王朝时期最伟大的思想家和著名作家，他的《哲学家的矛盾》《迷途指津》代表了那个时代思想的高峰，他的仅有两万多字的《致孩子》在上个世纪被联合国教科文组织指定为世界儿童必读书。安萨里说："引导我思想成长的最好箴言是从强盗的口中听到的。"

成长笔记

知识是最珍贵的宝藏，人若要拥有它就必须学习，使之融入脑海中，如此才能称之为得到了智慧。人如若只重视看书，而不去思考和积累，那知识就仿佛泥牛入海，即使读万卷书，也毫无益处。

把阳光加入想象

感 动

美国青年罗尔斯大学毕业后，开始为工作四处奔波，但很长一段时间后，罗尔斯都没有找到需要自己的职位。

不久，罗尔斯的朋友邀请他一起去夏威夷旅行。一天，罗尔斯注意到，很多在海滩上休闲的人在用手机聊天，但这些人不一会儿就不得不顶着太阳跑回停车场。这是为什么呢？罗尔斯从游客的抱怨中找到了答案。"该死的手机又没电了！"这引起了罗尔斯的思考。如果有一种能在海滩上充电的充电器，这

个问题不就解决了吗?

罗尔斯极度痴迷太阳能,此时,夏威夷海滨的阳光让他若有所悟。为何不利用这取之不尽的太阳能呢?他突然有了设计一种便携式太阳能充电器的冲动。罗尔斯在网上购买了一款太阳能充电器并把它缝到了背包上。当他把这种背包拿到一个旅行网站上出售后,吸引了许多购买者。2005年,罗尔斯创立了罗尔斯设计公司,销售自己生产的"瑞特"牌太阳能背包。半年后,罗尔斯公司的产品竟在世界各地的沙滩上都占有了一席之地,紧接着,罗尔斯又开始设计一种能为笔记本电脑充电的背包。这种产品面市后更受欢迎,世界各地的订单雪片般飞向罗尔斯的公司。这使罗尔斯每个月就有近两万美元的收益。

一个为找工作而发愁的大学生,两年后竟成为一个拥有自己公司的老板。罗尔斯在接受采访时说:"我没有做什么,我只不过是把触手可及的阳光加入了想象。"

成长笔记

没有想象的人是痛苦的,因为他没有瑰丽的梦;没有发散的思维,只是空洞地生活着,即使事业有成,也体味不出生活的真正乐趣。因此,人应在想象中遨游,任思想驰骋,从而于不经意间获得成功。

空白的简历

张 翔

大学毕业的时候，我们几个同学似乎还没有摆脱集体行动的习惯，连参加招聘会都一起去。早上，我们各个都将简历资料整理得整整齐齐，生怕遗漏了几年中任何一个闪光点。我们把辛苦考取的各种证书及得到的每个奖项写进去，然后信心百倍地赶往会场。

在招聘会现场，我们观察了好久，发现了一家条件很好而且专业对口的单位。从他们公司贴出的招聘海报中，我们看到了许多详尽的要求，于是，我们各自思考一番后，跟在队伍的后面，掏出简历，准备试试。

来应聘的人非常多，队伍排得很长，而招聘的效率似乎也很高，几乎几分

钟就可以从应聘的格子间里出来一个人。然后每隔一个小时，他们的工作人员就会发回一些简历，那就是被淘汰的人。当然，谁都不想自己的简历被退回来。

我们的简历都是早先准备好的，其中面面俱到地介绍了自己，我们总是习惯将准备作在前面。当然也有例外，比如我的室友大东。当我们已经排上队了，他这才掏出空白的简历开始在那个公司的招聘牌上写起来。我们连连指责他的过分散漫，心里都为他捏了把汗。

轮到我们陆续进去面试了。我进去的时候，发觉招聘者是一个经验老到的人事官员，我的简历他只是简略浏览一番，就开始和我交谈，问一些与工作相关的话题，然后就请我出去了。

我们一个个陆续出来之后互相交流，发现那位经理与我们的谈话内容似乎都是一样的。

半小时后，大东迈进了格子间。经过长长的十几分钟之后，他也出来了。又一次退还简历时，我们全都领到了一份，唯独大东没有。

第二天，大东就收到了通知，要他三天后去上班。

我们有些疑惑，说实话，我们的条件都不比大东差，为什么这么多人中间偏偏就选了他这个临阵磨枪的人呢？

他笑着告诉我们："其实面试的时候，那位经理一阅读完我的简历就告诉

我——你的条件完全符合我们的要求!"

"可是我们的条件不是基本上一样的吗?证书什么的你也不比我们多呀!"

"我们学的东西都是一样的,甚至这些证书我还没有你们多。但我们的简历不一样,你们的简历是预先准备的,而我的简历在决定应聘之前还是空白的。其实我是看完了对方公司的要求之后,接着他们的要求把自己适合他们的条件写进去的。没有人特别要求你学识渊博,他们只想找到最合适的人。因为我的条件最符合他们的要求,所以他们录用了我!"

我们顿时惊讶得大叫起来,原来他的空白是刻意留下的,一直留到最后的时刻,他才按对方要求有的放矢地填写!难怪对方经理会说"完全符合"了。

我们几乎同时明白,原来应聘就像是射击,张弓弩射前离目标越近,命中靶心的几率就越高。

成长笔记

　　未雨绸缪可以使人有备而来,但世事无常,变化是常有的事,因此,就需要人机智灵活地去处理问题,随机应变,处乱不惊,时刻保持理智与自信,唯有如此,方能在激烈的竞争中脱颖而出。

把领带摘下来

蔡玉明

中央电视台播放美国斯坦福大学与北京大学的对话节目，精彩不断。

主持人问斯坦福大学校长约翰·亨尼斯："斯坦福大学的办学理念究竟是什么？它能带给学生一些什么？它的任务又是什么？"在亨尼斯校长回答后，主持人再次追问："您觉得哪个词可以提炼出您刚才所说的这一切？"

亨尼斯想都没想，说："创新，冒险。"

斯坦福大学是什么？

同美国东海岸的大学相比，斯坦福大学不过是个小弟弟。1920 年，斯坦福还只是一所"乡村大学"，但到了 1960 年它便名列前茅，到 1985 年它就被评为全美大学第一名。

实现大跨越的奇迹基础在斯坦福创建的第一天就奠定了。

1891 年 10 月 1 日，斯坦福大学正式开课。首任校长乔丹向师生和来宾发表了激动人心的演说："我们师生在这第一学年的任务，是为一所将与人类文明共存的学校奠定基础。这所学校绝不会因袭任何传统，无论任何人都无法挡住它的去路，它的目标全部是指向前方的。"

"斯坦福研究园区"创建人、斯坦福大学副校长特曼说："一个运动队里与其个个都能跳 1.83 米高，不如有一个能跳 2.1 米高。同样的道理，如果有 9 万美元在手，与其平均分给五个教授，每人得 1.8 万美元，就不如把 3 万美元支

付给其中一位佼佼者，而让其他人各得 1.5 万美元。"

老斯坦福先生在首次开学典礼上说："请记住，生活归根结底是指向实用的，你们到此是为了谋求一个有用的职业。但也应该明白，这必须包含着创新、进取的愿望，良好的设计和最终使之实现的努力。"

这就是影响着斯坦福以及斯坦福人发展、成长的教育文化理念，它鼓励每一个有设想的人去创业，去突破。当今闻名世界的惠普公司就是在研究园区凭 580 美元起家的。电气工程系教授林维尔也是一个创业典型，他有数以千计的学生在硅谷工作，他本人也在好几个公司兼职。另外，一些著名的创业家，如擅长销售的 AMD 公司创始人桑德斯，不断另起炉灶的"创业狂"安戴尔，电子游戏上业的泰斗布什内尔等等，都是在这里起家和成长的。还有，美国最高法院的 9 个大法官，竟有 6 个是从斯坦福大学法学院毕业的！而斯坦福的企业管理研究所，1998 年更是与哈佛企管所并列第一。

美国斯坦福大学与北京大学的对话节目的结尾很耐人寻味。

一位斯坦福的中国留学生说，也许是加州的阳光不一样，斯坦福与别的学校不同，学生爱穿牛仔裤、T 恤衫，不打领带。今天来电视台做节目，要求我们都系领带。我建议，斯坦福人把领带摘下来……

电视镜头上一位嘉宾解下了领带，斯坦福大学校长约翰·亨尼斯解下了领带，当年在斯坦福大学巴不得一天用 25 个小时读书做学问的高才生——北京大学党委书记闵维方也解下了领带……

造就创新与冒险的理念与由此派生出来的奇迹，也许就来自于不系领带……

成长笔记

安于现状，不思进取使我们无法在生活的长河中体验惊涛骇浪，只能使我们在浅滩处徘徊。因此，人必须去搏击风浪，去创新进取，如此才能真正体味到生命的意义。

他说，他养着一个 BLOG

风 景

同学是当地一家报社的总编，这两天我被他拉去帮忙招兵买马。

之前，看过大量关于大学毕业生就业难的报道。大学毕业生说，找工作的感觉像条狗。对此，我并没有太多的直观印象，直到这次的亲身经历。

招聘柜台前，密密麻麻地挤满了人。年轻焦灼的面孔，喧嚣中努力发出的一点点属于自己的声音。装着个人资料的档案袋，像一面面白色的旗，被高高举起，无望地在空中挥啊挥，发出哗啦哗啦的响声。不断地有更多的人加入进来。

一个好不容易挤进来的小女生不断地哀求，我们便收了她的简历，她高兴地蹦了起来，当场掉泪。但我知道她是不会被录用的——专业不符。她欢天喜地怀揣希望离去的背影，看着让人心酸。

一个编辑的位置竟然有 100 个合格的应聘者。

应聘者的材料里除了华丽个性的简历，还有各种证书：英语等级证书、计算机等级证书、GRE 成绩、TOFEL 成绩、雅思成绩、三好学生证书、班干或学生会任职证明、校篮球队队员证明……

有女生递交了全套个人艺术照片。离开学校的象牙塔，走入社会的名利场的第一幕就如此真枪实弹，惊心动

魄，令人歆歔。

3 000 元底薪，一年 14 个月薪水，外加年终红包，强势报纸编辑的位置是他们眼中的渴望。

三轮专业、标准的筛选完毕，剩下两位男生小 A 和小 B，两个人笔试成绩并列第一，其余各项软硬件旗鼓相当。最后一轮的面试将决定两者之中谁去谁留。

小 A 的表现聪慧幽默，天衣无缝。

小 B 的表现睿智沉稳，无懈可击。

面试将要结束时，我问了小 B 一个问题："相对于其他人，你的简历简单，甚至没有写满一张不加装饰的 A4 打印纸，做一份这样简单的简历，你难道不怕输给别人吗？"他说："我养着一个 BLOG，如果你对我仍有兴趣，可以去看看我的 BLOG。"

同样优秀的他们让我难以取舍。

我决定去看看小 B 的 BLOG。

这个 2004 年 5 月开张的 BLOG，养了整整两年。五百多篇文章，内容涉及大学生活、社会实践经历、网络技术、读书笔记、一次普通的学生聚餐、宿舍里同学和自己炖的一道鸡汤……事无巨细地记录了两年来他成长的轨迹、思想的历程。

那些视角独特、构图精美的照片，令我欢喜。

第一篇文章与最近一篇文章，第一张照片与最近一张照片，迥然如出自不

同水准的两个人之手。

打电话通知他被录用的消息时我问："你知道你为什么会被录用吗?"他说:"你去看了我的 BLOG?"我笑而不语。

挂断了电话,我在想,是啊,他很幸运,他养着一个 BLOG;更幸运的是,他遇到了同样养着一个 BLOC 的我。

是的,因为我也养着一个 BLOG,因此,我知道,BLOG 这东西,喂几天、几星期、几个月也许并不很难,但要喂上两年,更新频繁,每篇皆出自原创且言之有物,配图原创,视角独到,拥有稳定的读者群以及 60 万的点击率……无疑比制作一份昂贵华丽的简历需要更多的才气与耐力。

成长笔记

"腹有诗书气自华",真才实学是最好的履历表,无需装饰,也无需掩藏,为人的发展奠定坚实的基础,提供更多的机会。知识就像一块敲门砖,叩开成功的大门。

教堂的塔尖变近了

唐 瓷

在 16 世纪末，眼镜和放大镜制造业成为荷兰的重要产业。集市上，眼镜店店铺林立，店内摆满了各式各样的凹透镜和凸透镜。

在荷兰的米德尔堡小镇上，一位名叫李普希的商人经营着一家眼镜店。他有三个活泼可爱的小男孩。由于家里玩具少，孩子们经常把一些磨制时损坏的镜片拿来玩。

一天，三个孩子拿着镜片在阳台上玩。调皮的三弟将两个镜片叠在一起，眯着眼睛，看远处的景物。忽然他大叫起来："哥，快来看，教堂的塔尖变近了！"两个哥哥照着弟弟说的那样，将镜片叠在一起，果然，前方的教堂、树木变得高大清晰了。"这是为什么呢？"对此充满好奇的兄弟们去求助爸爸。

李普希跟着孩子们来到阳台上，按照孩子们说的那样将两个镜片叠好。的的确确，他发现塔尖一下子变近了。他百思不得其解，经过进一步的试验，他发现只要将一块凸透镜和一块凹透镜组合起来，把凹透镜放在眼前，把凸透镜放在远一些，并调好两镜片间的距离，就可以看见很远的物体。

李普希做了一根粗细、长短合

适的金属管，并把凸透镜和凹透镜放入管内恰当的位置。用这个装置观看远方的景物，景物会变近。作为精明的商人，李普希想："也许这是一个赚钱的制造行业。"随后，他向荷兰国会提出了申请专利的要求。

在1608年李普希获得荷兰政府授予的专利权，荷兰政府除奖励他一大笔奖金外，还拨出专款，命令他秘密地为海军制造一种用两眼观察的双筒望远镜。荷兰政府认为，如果海军有了望远镜，就等于有了一双"千里眼"，将大大提高战斗力。

居住在意大利威尼斯的物理学家伽利略听到了这一消息，他设想用望远镜观测天体。于是他从眼镜店里买来镜片，并加工了一个铜筒，将镜片装入铜筒中，一架望远镜制成了。用它观察远方的物体，比用肉眼观察近三倍。之后，伽利略对望远镜制造技术进行了改进，使用它观察比用肉跟观察近了三十倍。

在一个群星璀璨的夜晚，伽利略将望远镜的镜片对准了月球。自古以来，人们认为月球皎洁无瑕，然而透过望远镜，伽利略看到月球表面凹凸不平，既有平原，也有山脉。他不禁惊叹说："月球原来是一个满脸麻子的美人！"

伽利略发明的望远镜与李普希发明的望远镜一样，都是由凹透镜和凸透镜组成的。人们称这类望远镜为"折射式望远镜"。这种望远镜有一个缺点，就是所有的图像都带有彩色的边缘，它会影响观测的准确性。

1668年，英国著名物理学家牛顿在研究折射式望远镜的基础上成功地制成了第一架反射式望远镜。它的镜筒直径约为2.5厘米，长度约为15厘米，克服

了折射式望远镜的缺点。之后，又出现了射电天文望远镜、空间望远镜等。新型望远镜的不断问世使人类的日光看得更远。

成长笔记

　　生活是知识的宝库，只要细心观察，就能把其中蕴藏的奥秘揭示出来。所以，人不能对生活抱着无所谓的态度，也许你不经意的发现，就会改变世界的模样！

美国新生上哈佛

聂达甲

几年前，思杜·鲍威尔的儿子雷蒙被哈佛大学录取了。因为成绩优秀并具有极出色的社会服务记录，雷蒙拿到了全额奖学金。这对他们全家来说是一件很幸运、很快乐的事情，我们作为思杜的同事，也为他感到高兴。

有一天，思杜告诉大家，孩子很快就要去上学了，他刚刚和主管商量过，打算下周三在公司里请大家吃一顿午饭，到时把儿子也叫来，以示庆贺。他说："这样既不影响工作，大家也会觉得很轻松、亲切。再者，这样朴实的庆贺仪式也不会对孩子产生不好的影响。"大家都表示赞成，但我的心里却在犯嘀咕：在公司里举行宴会，怎么摆酒席？怎么个吃法？老美办事真是新鲜啊！

到了周三上班的时候，我一进办公室就看到了思杜，他笑嘻嘻地看着我说："别忘了中午一起吃饭。"我问他儿子在哪里，他说，儿子正在后面的小厨房里为午餐作准备。

在美国，有许多公司都在车间边上办公，办公室里有一个小厨房，便于职工加热带来的午饭。美国人的午餐是很不讲究的，一个三明治或一个热狗，热一热，再喝一

杯咖啡，有的女孩吃一个蛋卷冰激凌就行了。所以，我理解了为什么有的华文报纸把英文 lunch（午餐）翻译成中文"浪吃"了，可能他们觉得午餐大吃大喝是一种浪费吧。

忙了一阵子工作，头昏脑涨，看看手表，已经是 10 点半了，我打算到外面去转悠 10 分钟。突然，我想起雷蒙正在小厨房里，于是好奇心驱使着我去看看雷蒙在做什么。到了小厨房，我看到雷蒙正在认真地准备午餐，他有条不紊地忙碌着，脸上带着微笑。雷蒙见我过来，热情地和我打招呼。当然，我对他被哈佛录取表示了热烈的祝贺。

雷蒙问我在小厨房能待多长时间，我说 5 分钟。雷蒙有点腼腆地说："时间足够了，我来为你介绍一下午餐的菜肴！"接着，雷蒙告诉我，为了健康起见，色拉是混合蔬菜色拉，汤是牛肉浓汤，已炖了近一个小时。我看到灶台上没有汤锅，雷蒙可能看出了我的疑惑，他指着一个很大的像电饭锅一样的东西说："在这个汤煲里，正在炖呢。"我看到这个大汤煲正冒着热气。雷蒙说："你打开盖子闻闻，很香。这个大汤煲可是花两美元租来的。"然后我看到灶台旁的桌子上有一大盆腌好的牛排、一个面包炉，边上还摆了不少新出炉的意大利面包……这真让我开了眼界，欢送一个孩子上哈佛，却让这个孩子下厨来当厨师。如果在中国，一个孩子考上名牌大学，那家长一定会在酒店里大摆宴席，胡吃海喝一番了。

　　除了从内心对雷蒙这孩子佩服与赞许外，我还有一点不理解：为什么离开学还有一个多月，雷蒙就要上路了？于是，我就问雷蒙这个问题，雷蒙回答说："我准备向父亲借500美元，一路上搭便车，沿路在一些社区做社会调查，主要是在餐厅里边打短工边对不同人群的用餐支出作一个规模较大的调查，同时我也能有一些收入，这样我极有可能一分钱不花就到了学校。"

　　12点钟左右，大家一起过来享用午餐，我们热情地向雷蒙表示祝贺，同时都夸他手艺好。杰西卡是一位傻大姐似的姑娘，她居然很不理解雷蒙为什么不去考厨师学校却去上哈佛……

　　两个多月后，思杜拿着他儿子雷蒙从学校寄来的一大堆照片给我们看，自豪地对我们说："雷蒙在路上走了32天，作了大量的社会调查，调查报告得到了老师的高度评价。500美元他一分没花，除去路上的花费，还挣了一百多美元。"雷蒙一路上的照片，大部分都是在社会调查时与调查对象的合影。看着照片上雷蒙那张诚实、厚道、稚嫩的脸，我感慨万千，这就是哈佛的学生啊！

成长笔记

　　有什么样的选择就有什么样的人生。文中的小主人公雷蒙选择了自食其力、独立自主的生活态度，这种处世方式换来的必将是一个积极而多彩的人生。

地球自转

韩吉辰

著名的"科学难题"

在 19 世纪中叶，全世界物理学家的面前摆着一道难题：证明地球的自转——就是证明地球本体的旋转运动。地球环绕太阳运转的同时，自身也在不停地旋转着，这种旋转运动就叫做"地球自转"。旋转一周就是一天，约等于 24 小时。

"我们在地球上看到日月星辰每天东升西落，这就是地球自转的证明。"物理学家们说，"这个道理就好比我们坐在旋转的木马上，看到周围的景物在旋转一样。"可惜这样讲说服力不强，因为人们"亲眼"看到的毕竟是日月星辰在转啊！能不能用实验来证明呢？物理学家们经过一系列研究和实践之后发现，这样做简直困难极了！地球那么大，人们在随着地球日夜不停稳稳地转动，就像在平稳行驶的船舱中，"船行而人不觉"。要想在地球上用实验来证明"地球自转"，几乎很难实现。于是有权威人士断言：要想直接证明地球自转，要想"亲眼"看到地球自转，除非人类离开地球！

震惊巴黎的实验

1851 年的一天，巴黎发生了一件轰动全市的奇闻。人们争先恐后奔走相告："我看见地球自转了！"接连几天，巴黎先贤祠（又称名人纪念堂）门口人声鼎沸，拥挤不堪，人们来到这座高大建筑里，只见高高的圆屋顶上悬挂着一个巨大的单摆，摆长 67 米，相当于二十几层楼的高度，下面是一个沉重的铅球，在缓慢、单调地摆动，每分钟还不到四个来回。"这有什么稀奇？不过是个巨大的单摆而已！"人们不禁有些失望。

"请注意单摆的摆动方向！"一个衣着朴素的年轻人提醒大家。人们安静下来，顺着他的手指望去，只见台面上撒了一层细沙，巨摆紧贴着台面摆动，细沙上留下了一条又一条清晰的痕迹。几分钟过去了，人们不禁惊奇起来：原来，单摆的每一次摆动，方向都有一点微小的变化。一小时以后，居然变化了十几度！"摆平面在转动！"这就是大家目睹的结论。"可是，是什么力使巨摆在转动呢？"大家迷惘地四处张望，找不到这种力啊！

这时候，那个年轻人站出来大声地说："女士们、先生们，单摆摆动的方向并没有变，是我们脚下的地球在时刻不停地转动！"经过几分钟的安静之后，人群又一次沸腾起来，"简直不可思议！"大家完全被这个出色的实验征服了。在巨摆下面，地球自转竟然表现得这样清楚，这样分明！一些顽固的教徒看得目瞪口呆，有人甚至晕倒在地，"上帝啊，地球真的在转动呢！"

更多的人拥上去，紧紧地和年轻人握手，向他表示祝贺，祝贺他第一次在地面上科学

地证明了地球的自转！

改变方向的是地球

这个年轻人就是法国物理学家傅科（1819－1868），那一年他只有32岁。他从小热爱科学，学习刻苦，长大后很喜欢钻研科学难题。在"用物理实验证明地球自转"这个有名的科学难题面前，他没有被权威的断言吓倒，而是勇敢地向这个堡垒发起进攻。

"必须设计一个巧妙的实验。"傅科想。可是一时却想不出什么好办法。这一时期，傅科正在深入研究单摆的运动规律。早在傅科之前，意大利科学家伽利略已经用实验发现：尽管单摆每一次摆动的角度都不相同，但是它往返一次所需要的时间，却总是相同的，这叫做"单摆的等时性"。根据这个原理，荷兰的惠更斯后来发明了摆钟。但是傅科认为，单摆运动看起来简单，实际上却很复杂，还有很多规律值得继续研究。他在家里悬挂了一个长长的单摆，从天花板直到地面，因为摆线越长，摆动就越慢，空气阻力影响就越小，单摆推动以后，可以连续摆动几十个小时不停下来。

在夜深人静的时候，傅科推动了这只沉重的单摆，单摆沿一个平面缓慢地摆动起来。傅科仔细地测量了单摆的摆动角度（也就是振幅）以后，就打开一本书看起来，想过一会儿再量一次，看看空气阻力对单摆运动的影响到底有多大。几个小时过去了，傅科从沉思中抬起头来，想看看摆动幅度减小了多少。这时，一个意想不到的现象出现了：开始时单摆的摆动方向是跟自己接近于平行的，现在居然偏向自己了。傅科不相信地揉揉自己的眼睛，一点儿没错！他干脆放下书，找来一些细沙铺在地板上，使单摆的尖端在沙面上划过。一段时间后，单摆留下的痕迹就偏离了原来的方向，沙面上形成了两个对顶的扇形！

奇迹！真是个奇迹！因为根据牛顿第一运动定律，运动着的物体在没有受到外力的时候，总是保持着匀速直线运动状态，也就是说，单摆在没有受到外力作用的时候，摆动的方向是不应该发生变化的，而应该永远和开始的时候完全一致。那么，眼前的奇怪现象又该如何解释呢？傅科绞尽脑汁，苦苦地思索着。

突然，一种灵感在他脑中浮现："单摆的摆动方向确实没有变化，真正改变方向的是地球，因为地球在转动！"傅科紧紧抓住这个"逆向思维"的思路，进行认真的思考和推理，一个科学的答案在头脑中逐渐形成。

傅科兴奋极了，啊！这是一个多么重要的发现呀，原来在屋内看见的"地球自转"竟是这么明显。他马上找来有关资料，拿起笔和纸，紧张地计算起来。当太阳在东方喷薄欲出的时候，傅科终于得出了满意的结果：计算证明，自己的设想完全正确！

在其他科学家的支持下，傅科勇敢地在先贤祠挂起了巨摆，这个巨摆直径为30厘米，摆锤重28千克，摆长67米，它悬挂在巴黎先贤祠高高的圆屋顶中央，使它可以在任何方向自由摆动，下面放有直径六米的沙盘和启动栓。他决定当众开放实验，让人们亲眼看看地球的"自转"。

权威们低下了头

傅科的公开实验取得了巨大成功，可是一些顽固的权威仍然在摇头。有人说，傅科是在捣蛋，是在表演"魔术"，这个巨摆是"魔鬼摆"。还有人说傅

科的实验亵渎了神圣的教堂，扬言要控告他。

在权威的攻击和诽谤面前，傅科毫不退让。这一实验又被移到巴黎天文台重做，在众多科学家的跟前得出了相同的结论！后又在不同地点进行实验，发现摆的摆动面的旋转周期随地点而异，其周期正比于单摆所处地点的纬度的正弦，在两极的旋转周期为 24 小时。摆动面旋转的方向：北半球为顺时针，南半球则为逆时针。

傅科又在巴黎公开举行科学讲座，向广大群众说明巨摆为什么可以证明"地球自转"。如果我们在北极点竖起一个支架，挂上巨摆，让摆动方向和支架方向平行，由于北极点处于地球自转轴的顶端，支架就会随着地球一起转动，每过一小时变化 15 度，24 小时转一圈。而巨摆的摆动方向是不会改变的，仍在那里按原方向摆动，当我们站在支架下面的时候，却看到巨摆的摆动方向变了，这仅仅是一个错觉，真正改变了方向的是地球、支架和我们自己。

"可是，我们眼前的巨摆摆动面转得慢一些，要 32 小时才变化一周呀？"一个性急的人问道。

"这是因为巨摆不在地球自转轴上的缘故。"傅科耐心地解释，"计算和实验都说明，地理纬度越低，巨摆摆动方向的变化就越慢；如果我们在赤道架起巨摆，摆动的方向将不发生任何变化，因为这时支架的方向已经不随地球的转动而改变了。"

"你把摆挂在了一个多么薄的支架上啊！"一个观众惊讶地叫喊。"这是一个非常重要的条件，"傅科微笑着回答，"让摆支撑在吊环上的接触点越小，摩擦也就越小。只有这样，我们才可以把它看做是一个不随着地球转动而保持着自己的固定方向的自由摆，才能看到地球的自转。"

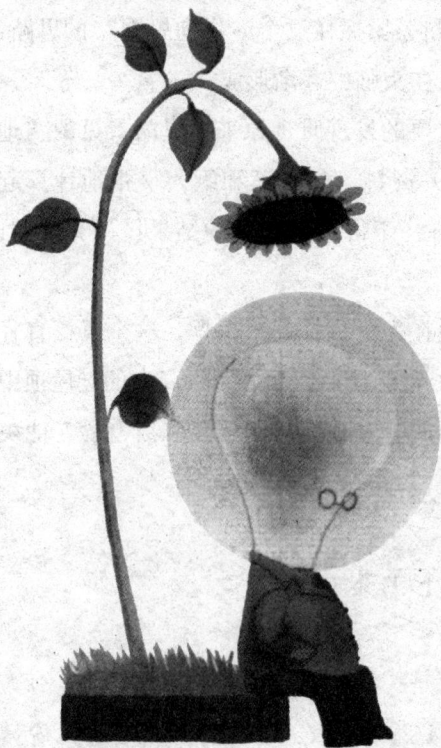

　　"为什么要把摆做得这么长这么重呢？普通单摆行吗？"又一个好学的青年问道。"其实也是可以的，"傅科转向这位青年，"我把摆做得长一些，摆锤重一些，都是为了使摆动持续较长的时间。摆线长，摆动就缓慢；摆锤重，本身的惯性就大，这样空气阻力对摆动的影响就小些。这都可以使我们将摆动方向的变化看得更清楚。"

　　真理的声音是封锁不住的。在铁一般的事实面前，在准确的实验数据面前，那些顽固的权威们最后都低下了头。由此，年轻的傅科被授予荣誉骑士五级勋章。各国科学家研究决定，把巨摆命名为"傅科摆"。从此，世界各地的博物馆、天文馆和物理教学楼里都经常安排这个经典实验。

成长笔记

　　寻求真理的道路充满了艰难险阻，只有沿着陡峭山路攀登的人，才有希望达到光辉的顶点。故而，人在探寻真理时应科学严谨，不骄不躁，应有大无畏的奉献精神，用实践去点燃真理的火炬。

在剑桥考试

李晓愚

夜里 12 点 45 分，三杯蓝山咖啡下肚，那黑乎乎的液体在我体内流动，威力十分强大。我觉得自己精神百倍，思路敏锐，继续坐在电脑跟前修改论文的最后一稿。手提电脑旁的粉色及时贴上用五彩缤纷的荧光笔标出了每一篇 Essay（小论文）的 Deadline（最后期限）。

学新闻出身的人对"截稿日期"这个词儿总是十分敏感，我以前做学生记者时，就常常在截稿前一天被老编辑关在编辑部的小办公室里逼着爬格子。原以为这三杯咖啡怎么也能维持个把时辰，没想到才一个小时不到，我就又开始蔫了，呵欠一个接一个地来。案头一大摞从图书馆抱回来的经济学书籍垒得高高的，仿佛随时可能坍塌掉。亚当·斯密、凯恩斯、马歇尔的学说和著作轻轻压住我因为困倦而有些皱褶的思绪，然而无法压得服帖一些，反而摩擦着，使我的头脑更剧烈地起了皱。

学院的导师 Ann 发来 E - mail 让我去见她，原来是为了给我进行考前的心理疏导。前不久，一份剑桥的学生作了一个调查统计，大约有百分之二十以上的学生有精神或心理上的疾病，特别是在每个学期期末的时候，紧张的学业压力使很多学生不得不求助于心理医生。由于读书压力大，这几年学生的自杀率也颇高，所以学院很注意了解学生的心理动向，为学生及时减压。"你是我这个星期见的第十二个学生，是唯一一个没有向我诉苦的学生。"在仔细地了解了我每天的生活情况后，她一副不可思议的表情。我笑了，不诉，可不代表不苦呀。是的，在这里读书的学生恐怕没有不辛苦的。当然，大部分中国同学的心理还是健康的，到底在国内从小到大经历过无数次考试的洗礼，锻炼出来了，可是"为伊消得人憔悴"还是难免的。

我认得一位从北京来这里读 MBA 的女孩子，来了之后就不停地消瘦，以至于前几天她老公来探亲时都差点不敢相认，"想减肥吗，来剑桥吧！"她常像念广告词般念叨着这句话。与我同一屋檐下的杨光常常不解地说："怎么回事，我觉得身体的热量总是在往外流失，永远感觉饿。"没错，现在大家都忙，我最常遇见他的地方就是厨房，见面就是一句话：哟，又吃啦！他总是在烤香肠，那种油渍渍的东西他一次可以吃三四根，一天吃若干次。即便如此，他瘦的速度也实在吓人，一条在他身上原本显得很紧的牛仔裤，现在看上去宽松肥大。来剑桥不到一年，他瘦了近二十斤。我们屋里的每个人都为自己找到了补充能量的最佳食品：Roman 常买一种长得巨大无比的火鸡，煮熟了将肉撕成一块一块放在塑料罐里当零食；Simon 爱吃牛排，带着血丝的那种。我比较简单，饿了就喝酸奶。

我以前的一个学生在网上看完我的电子日记之后给我写信，忧心忡忡地问我，除了对美食和漂亮衣服这两种几乎每个女人都有的追求之外，我还有没有更远大的追求。我先是乐了，然后才意识到我的文字里确实大都是在谈剑桥的风景、英国的食物和我快快乐乐的生活状态，难怪她要质疑了。其实，只要是真正求学就没有不辛苦的。剑桥的自然环境确实温馨，在草地上一躺就不想起来，可又有几个人能永远悠闲自在地躺着呢？

与国内大学相比，剑桥大学的授课时间其实很短。一年有三个学期，每个学期也只有 8 个星期。但在这 8 个星期中课程安排很紧密，授课量非常大。这里的课门数其实不多，可是每一门都由十几个讲座组成，内容跨度实在很大，从非洲饥荒、艾滋病问题到金融改革、跨国企业策略。每一个讲座前教授都会开出长长的 Readinglist（书单，书都是像砖头一般重的呀），而且动辄便要拿Essay（小论文）或 Presentation（课堂陈述）来折磨我们。老师上课的速度非常快，基本上是只讲重点，不作具体深入的讲解，想要吃透一个专题，必须从图书馆再抱一堆书回去啃。英国人认为学习是自己的事情，没有人会逼你读完哪本书，学习完全靠自觉。

平时读书辛苦是一方面，另外，我们还有拿学位的压力。周末，剑桥的小街上总有川流不息的成群结队去跳舞、喝酒的学生，然而一到周一，所有的喧嚣都归于平静。学年大考临近的时候，各个学院更是纷纷取消周末娱乐节目，镇上酒吧的营业额估计也是直线下降。所以，每个学期最惊心动魄的舞会，要数考试后的那场学期期末舞会——所有的青春与疯狂都宣泄在那一个夜晚了。

我们有时会很羡慕在剑桥的访问学者们，他们可以自由选任何系的功课，不用考试，真的很幸福；可做学生就完全是另一种光景，虽然不至于"头悬梁，锥刺股"，但也是"战战兢兢，如临深渊"。系里为了安抚同学们的紧张情绪，请来了一位本专业毕业的、在联合国任职的师姐与大家交流。谈到考试时，她以玩笑的口吻宽慰我们说："在

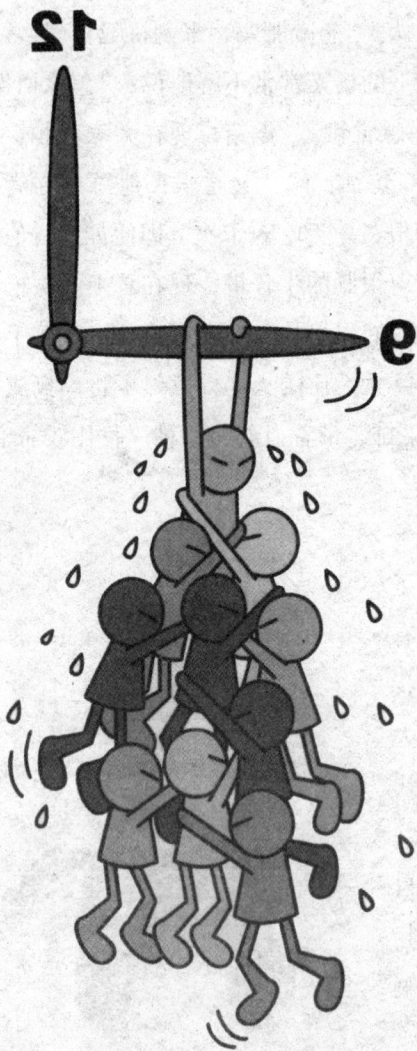

剑桥考试得 Distinction（优异）是很难的，但是想要不毕业，那才是更难的。"
老师会善解人意地说："我们会尽量不让你们'当掉'，如果诸位不幸牺牲了，
那不是你们的过错，而是我们的。"

是的，剑桥是自信的，她相信她的学生是最优秀的，因此不用担心学生会
虚度光阴，也不必怀疑学生的能力。可历史证明他们偶尔也犯过这种过错，某
位尊贵的泰国公主就曾在这里光荣"牺牲"，大家都不想也不敢让老师们再犯
错了，不然就像歌里唱的——错的是你，受伤的却是我。

我在剑桥修读的专业是发展经济学，很多人以为我是个很有理想的好青
年，所以胆敢换了专业来剑桥读经济，其实当时我的选择根本不是理性的计
划，多少有些心血来潮的冲动，只是剑桥的宽容成全了我的冲动罢了。

完全转一个专业来学，平时学习的时候收获是丰富的，可到考试之前却要
犯难了。发展经济学的课程涵盖的内容实在太多，知识点繁杂，一个人"死
啃"效率不高，于是我就和萍一起复习。萍的眼睛又红又肿，一看就知道是睡
眠不足的结果。她真是认真，把每一个专题都整理成几页纸的文字，用于考前
背诵。她对我说："丫头，我离开学校都 10 年啦，就是在国内读研究生时，也
没有为考试这样拼命过。"

以前在国内听有人鼓吹"考试无用
论"，说什么国外的教育制度先进，所
谓"素质教育"就是学生只读书不考
试，或者说大学根本不重视学生的考试
成绩。到剑桥才知道这话真是胡扯。在
这里学生们不仅要参加各种考试，分数
还要公布。每年大考结束，学校会按照
各学院学生的成绩，按一定的规则打
分，把学院排队，促进学院之间的相互
竞争。当然这里并非"一考定终身"，
学生最终毕业时取得的成绩是多次考试
和论文的综合评判，这样的评分制度给
学生的压力是贯穿于整个求学过程中

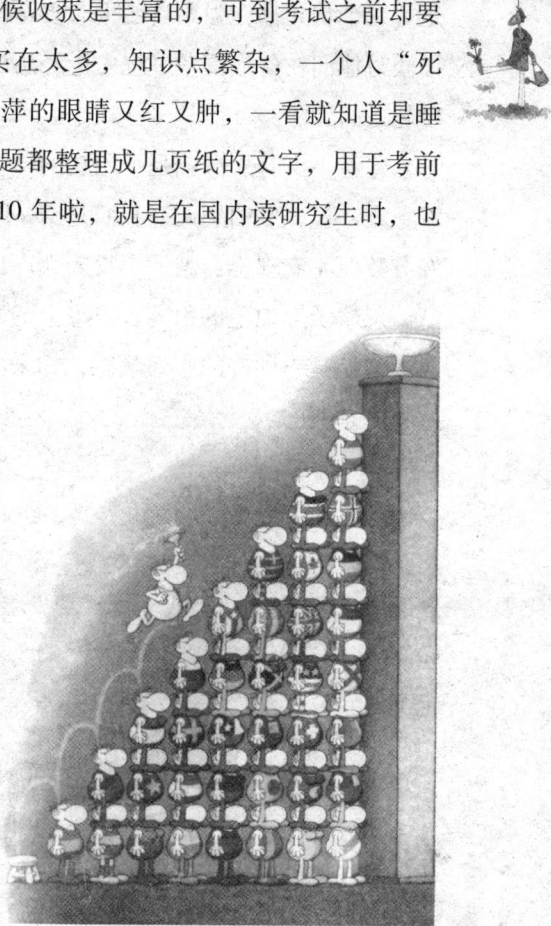

的，因为丝毫的松懈都会影响最终的结果。

剑桥的章程上有明确的规定，如果学生毕业后想在学校继续深造，他的成绩必须优异，一般来说，本科生和硕士研究生要达到全系的前30%。对我而言，考试的意义其实倒并不在其形式本身：任何考试，内容的合理性都是需要不断完善的。指望考试全面地反映一个学生的综合素质，这样的期待本身就是不切实际的。但我不得不承认考试依然是个好东西，不仅在于它迫使我们克服惰性，去全面地梳理学习过的知识，更重要的是在备考的过程中，我们能够培养出专注投入的精神和吃一些必要的苦的能力。

轻松好像是我们这一代人追求的状态，对于吃苦、努力有一种天生的不屑。我在国内曾看过一档采访高考状元的电视访谈节目，很奇怪的一个现象就是好几个状元都在强调自己平时多会玩，考前多么放松，而刻意地回避或是轻描淡写他们在备战高考过程中所经历的艰辛和不易。难道我们的状元们都是禀赋超人的天才？

曾经，当有人夸我是个用功的学生时，我是那样的不安，好像用功就意味着愚蠢一样，生怕别人当我们是 Nerd（书呆子）。我们在考前抱抱佛脚，拿个好分数便心安理得：瞧，小投入大产出。就是这样常常将小聪明误以为是大智慧，忽略了知识上的积淀、思想上的开拓。

轻松是一种好的心理状态，却未必总是一种好的生命状态，人是需要有一些重的东西的。

成长笔记

人人都想享有轻松快乐的生活，但琐事烦心，常常会让人感到身心疲惫，从而失去了追求理想的动力。所以，人不能在享乐中沉浸，也不能在放纵中彷徨，为自己"加重"才能换来一个有分量的人生。

永远不要低三下四

董 刚

一天，他的父亲在办公室看账本，可能是有一个地方不明白，父亲喊一个伙计的名字，让伙计过来一下。伙计正在外面做事，听到老板的喊声，马上答应一声跑了过来。父亲喊他的时候他正在抽烟，而伙计知道，老板是最讨厌人抽烟的，于是，伙计边跑边把正在燃着的烟斗塞进裤子口袋，然后来到父亲面前。

父亲是应该看到伙计的举动的，因为这时伙计的裤子开始冒烟了。但是父亲什么都没有说，冷冷地看着伙计，既没有让伙计把裤子口袋里的烟斗拿出来，也没有让伙计把火拍熄，就好像没看到冒烟的裤子似的，直到伙计汇报完工作狼狈地离开。

儿子正好在父亲的办公室里看到这一幕，感觉气愤不已，他愤怒地对父亲大喊："你怎么能这样对待别人！"那是他第一次对父亲发火，从他记事起，父亲给他的印象就是不苟言笑，虽然很严肃，但是心地很善良，不管是对家人还是身边的人，父亲从不把气愤挂在脸上，是个少有的好人。儿子的想法很简单，既然是好人就不能这样。

对于儿子的愤怒，父亲显得很平静，等儿子埋怨完之后，父亲心平气和地对儿子说："我没有让他把烟斗放进口袋，桌子上有烟灰缸，他也可以到门外把烟头扔出去，他甚至可以继续抽烟，但他自己选择了口袋。"见儿子没怎么听明白，父亲拉起儿子的手，"你应

该知道，每一个人都有自己的尊严，不要为了别人的脸色而自卑。记住，永远不要低三下四！"

许多年之后，儿子长大成人。虽然他来自非洲一个很小的国家，但是通过努力，最主要是从不低三下四，他成为了联合国第七任秘书长，执掌联合国十年之久。

他就是刚刚离任的联合国秘书长科菲·安南，一个来自非洲小国的联合国秘书长。谁都清楚，联合国秘书长这个位置并不好坐，尤其是来自小国的秘书长，有很多人都可以对他指手画脚。在那些资本大国面前，安南的策略是，不管准提意见或是建议，他都认真聆听，但他只按照自己的思路去做事。正因为安南从来没有低三下四，联合国在他的领导下每天都有新的变化，就算那些看不起他的国家的人，在评价安南人品的时候也赞不绝口。安南知道，他所得到的这一切，与父亲的教育是分不开的，不低三下四，让他在做事的时候没有心理负担，让他能够坚持自己的想法，这是他个人事业成功的关键因素之一。

成长笔记

总是仰视别人的人，自己会变得越来越渺小。抛开一切世俗的想法，以平等的心态和每一个人交往，并能在交往中坚持自己的想法，才会博得他人的尊敬。

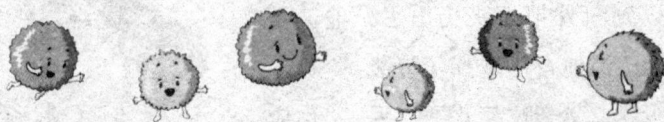

班·符特生的故事

鲁先圣

班·符特生是谁？他曾是美国乔治亚州政府秘书长。他不是一个身体健康的人，在他24岁那年，一次事故使他永远失去了双腿，因此他只能靠轮椅行走。

他靠自己的意志战胜厄运、自强不息的故事在美国几乎家喻户晓。但是，即使在美国也很少有人知道，正是这个人给了成功学大师卡耐基巨大的人生启迪。

一个周末，卡耐基到乔治亚州的一个大学作演讲。在他结束演讲回到旅馆的时候，在电梯里碰到一个残疾人。他注意到这个看上去非常开心的人，两条腿都没有了，坐在一把放在电梯角落里的轮椅上。当电梯停在残疾人要去的那一层楼时，他很开心地问卡耐基是否可以往旁边让一下，好让他转动他的轮椅。"真对不起，"他说，"这样麻烦你。"卡耐基看到，这个残疾人在说这句话的时候，脸上露出一种非常自信而温暖的微笑。

当卡耐基离开电梯回到房间之后，这个残疾人脸上的那种自信的微笑一直在他的眼前挥之不去。卡耐基相信，这种自信的后面一定有不平凡的故事。他决定去找他。

"事情发生在多年以前"，

班·符特生微笑着告诉卡耐基，"我砍了一大堆胡桃木的枝干，准备做我菜园里豆子的撑架。当我把那些胡桃木装上车正准备开车回家时，突然间一根树枝滑到车上，卡在了引擎里，这时恰好车子急转弯。车子冲出路外，我撞在树上。那年我才 24 岁，双腿被截肢了，从那以后就再也没有走过一步路。"

卡耐基问班·符特生怎么能够接受这个残酷的事实。他说："我以前并不能这样。"他说他当时充满了愤恨和难过，抱怨自己的命运，可是时间仍一年年过去，他终于发现愤恨使他什么也做不成，只会产生对别人的恶劣态度。"我终于了解到，"他说，"大家对我都很好，很有礼貌，所以我至少应该做到的是，对别人也有礼貌。"

卡耐基问班·符特生："经过了这么多年以后，你是否还觉得碰到那一次意外是一次很可怕的不幸？"班·符特生很快地说："不会了。"他接着说，"我现在几乎很庆幸有过那一次事故。"他告诉卡耐基，当他克服了当时的震惊和悔恨之后，就生活在了一个完全不同的世界里。他开始看书，对好的文学作品产生了兴趣。在那以后的 14 年间，他至少阅读了 1400 本书，这些书为他打开了一个崭新的世界，他的目光和思想一下子丰富多彩起来。他开始聆听音乐，以前让他觉得沉闷的交响曲，现在都能使他非常受感动。最重要的是，他学会了思考。他说："我能让自己仔细地看看这个世界，拥有真正的价

值观念。我开始了解，以往我所追求的事情，大部分实际上一点价值也没有。"

任何一个了解班·符特生人生经历的人，都会从他的人生经历中受益无穷。当一个人把自卑踩在脚下的时候，当一个人决定不再接受别人的怜悯的时候，当一个人决心要给他人带来微笑的时候，他自己也无法了解的潜藏在他内心深处的能量就爆发了。

成长笔记

契诃夫曾说过："困难与折磨对于人来说，是一把打向坯料的锤子，打掉的应是脆弱的铁屑，锻成的将是锋利的钢刀。"在苦难面前，班·符特生选择了坚强，让生命展现出鲜艳的色彩。

选择自信

年轻人，当这块石头终有一天也落到你身上的时候，希望你不是被它击垮，而是勇敢地把它扛在肩上，然后对自己说："快些，再快些!"

把不幸扛在肩上

陈庆苞

一位大学生去向导师辞行，他将走出校园到社会上求职发展，世事艰难，前程未卜，心里不免有些打鼓。导师早年曾赴美留学，一生遭遇坎坷，但最终硕果累累，在学术界享有盛誉。他想从导师那儿知道，在前进道路上遇到困难和挫折等不幸情况时，该如何面对？"把它扛在肩上。"导师平静地说。

见他不解，导师换了个话题："今天不是太热，不知你是否愿意陪我到操场上走走？"他点点头。

操场上空荡荡的，他们在跑道上边走边谈，无拘无束，不知不觉便走完了一圈。导师抬腕看看表，"你看，400 米，我们走了近十分钟。"

然后导师停下来，让他单独走一圈。他虽不解其意，可还是按导师的话做了。导师看看表，用了 7 分钟。

"你为什么不走得快些呢？"导师问。

"我走得慢了吗？"他并没意识到自己走得慢，因为他已经比第一圈少用了近三分之一的时间了，"您只让我走完一圈，并未规定时间啊。"

"无需规定时间，你也能走得再快些。"导师指着围墙边的一块石头说，"现在请你扛上它走一圈，试试能用几分钟。"

他扛起了那块石头，石头看起来虽不大，但压在肩上却很重、很疼。他几乎是一路小跑地走完一圈，结果连他自己都大吃一惊，他用了不到五分钟。

"你怎么又走这么快了呢？"导师又问。

"肩上的石头压得疼啊。我既不能扔掉，又不能扛着它原地休息，只能咬着牙往前赶，想尽快到达目的地，所以我一直在心里说：快些，再快些！"

他喘着气说。

"你看，同样的路程，两手空空，本该走得快，结果却走得慢；肩负重物，本该走得慢，结果却走得快。个中原因很简单：我们第一圈是闲走，既无目标，也无压力，所以最慢；你走第二圈时，虽有目标，但无压力，所以四平八稳，不求快进；走第三圈时，你既有目标，又有压力，不快不行，所以最快。这不是很有意思吗？"

他这才感觉到导师把他带到这个地方来绝不只是随便走走，他陷入了沉思。

"'把它扛在肩上。'你现在明白我这句话的意思了吧？"导师接着说，"在人生道路上，我们最渴望得到的'一帆风顺'、'万事如意'往往失约，而那些'困难'、'挫折'、'挑战'等让人望而生畏的字眼却常常不约而至。当它们来到你的身边时，你千万别认为这是什么不幸，不幸人人都会遇到，只是结果不同而已：有人被它击垮，有人却在它的打击下把潜能发挥得更好，就像扛起石头反而跑得更快一样，你所认为的所有不幸都应该成为逼你快走的这块石头啊。年轻人，当这块石头终有一天也落到你身上的时候，希望你不是被它击垮，而是勇敢地把它扛在肩上，然后对自己说："快些，再快些！"

成长笔记

在人生的道路上，失败与挫折是不可避免的，重要的是在遭到打击、承受压力的时候仍然坚定不移、脚踏实地地为梦想而努力，这样才能开创出属于自己的一片天空，才能享有真正的幸福。

选择自信

王伯庆

　　有些来美国的亚洲新贵们，很快就发现他们身边少了一份熟悉的羡慕，多了一份失落。于是，他们随时分发印有董事长头衔的名片，但并不管用。于是，又一掷千金，买下华屋名车。可气的是，竟然连那些居斗室、开破车的美国佬也"我自岿然不动"，不肯景仰擦身而过的奔驰老总。当然更不会有人注意到他们袖口或领口的名牌商标。在美国，高薪、华屋、名车的群众号召力没有在新富国家那样大。

　　很多美国人身为蓝领阶层，也都心满意足。当你出入豪华宾馆时，为你叫车的男孩不卑不亢，礼貌周到，你会感到他的自信。他未必羡慕你所选择的道路。千千万万的美国人按照自己的实际情况选择了职业，选择了生活的各个方面，也活出了一份自信。于是，让那些在本国高高在上的贵人们到了美国就傲气顿失。

　　一个访美的亚洲官员讲：我在国内时别人见我就点头哈腰，可是在美国连有些捡破烂的人的腰板都挺得直直的。

　　我原来工作的办公室里有个维护计算机系统的老美，大学毕业，工作10年了，很平常的一个人。处久了，我们

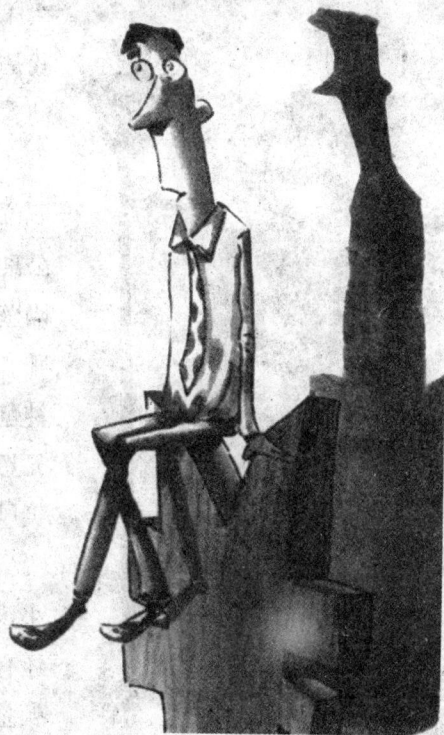

每天见面时也侃几句。一天，我开导他：你为什么不去微软工作呢？几年下来股票上就发了。他说：我不喜欢微软，这儿挺好。

后来我发现他有一张合影照片，他，他姐姐、姐夫，比尔·盖茨。才知道他姐是早年跟比尔·盖茨一起打下微软天下的功臣，现担任微软的副总裁，也是亿万身价了。一问，办公室里有人知道，却没人跟他套近乎，大家把他支来支去。他不求致富，只求一份淡泊的安详。

你会发现，美国很多的博士们找工作，首选是做教授。做教授可比去公司穷，还辛苦，但有更多的学术和时间自由。我有个朋友，在一所大学任助理教授，美国几个大型的制药公司请他去主持一个 R&D 部门，开价是他在学校年薪的3倍，他不去，就要做教授。还劲头十足地约我写论文，回国开讲座，其乐陶陶。

最近他因为一项被美国医疗服务协会称为"挑战传统的发现"，而受到美国主要媒体的关注。一个同系的老美教授告诉他说：我搞了多年的研究，好希望自己的研究成果也能引起如此的反响。并且还认真地给这位老兄出主意，怎么样把这事的影响扩大。如果我是他的同事，我是否会像那位老美一样为他的成功真的激动、锦上添花呢？

有一位朋友，拿到一个名牌大学的教授职位，高高兴兴地从麻省来加州赴任，先租公寓房住。自己是教授，住的公寓当然不差。隔壁邻居是一家墨西哥人，每天见面都打招呼。聊天时老墨中气十足，没什么文化，但神色之间透出对生活的满足和自信。这位仁兄想，这老墨虽没有文化，敢跟我大教授谈笑风生，想来也是生意上有成之辈。

结果不然，这老墨没有工作，全靠五个小孩的政府补助过活，每人每月几百元钱，还有食品券。这位朋友感慨地讲，恐怕克林顿总统来了，这老墨也不会腿软。职务也许

帮助不了你去吸引自信的朋友，所谓话不投机半句多。

有一个故事，事情发生在1997年12月11日。美国著名的悄悄话专栏女记者辛迪·亚当，想约克林顿总统的夫人希拉里来进行单独采访。多番努力，终于搞定，希拉里同意在她出席了纽约曼哈顿大学俱乐部的一个妇女集会后，跟辛迪谈一个小时。

采访就定在曼哈顿俱乐部里。这个俱乐部有着百年历史，注重传统，古色古香。辛迪先到，在大厅候着。到了时间希拉里还没来，她坐不稳了，悄悄地把手机拿出来，打个电话问一下。守门的老头过来了，说："夫人，你在干什么？"

女记者说："我跟克林顿夫人有个约会。"老头说："你不可以在这个俱乐部里使用手机，请你出去。"说完后老头就走了，辛迪收起了手机。

一会儿老头又来了，看见这女人没走，还与克林顿夫人在大厅里高谈阔论，在场的有总统府的高级助理们。老头不乐意了，说："这是不能容许的行为，你们必须离开。"克林顿夫人说："咱们走。"乖巧地拉上辛迪就出去了。

这个老头可不是贾府门前的焦大，他选择了守门，拥有了一份权贵们不敢在他面前猖狂的自信。

权势人物的气度是制度和人民调教出来的，常常是有什么样的人民就有什么样的领袖。

知道吧，比尔·盖茨想参加哈佛的同班聚会，被有些同学拒绝了。是呀，你盖茨选择了中途退学，跟同学没多大关系，聚个什么劲？选择了在哈佛毕业的同学未必都选择了向金钱屈膝。

成长笔记

　　任何生命都是平等的，生命价值不由财产、地位等身外之物决定，而由人对社会的贡献决定。每个人都有向往高贵的权利。即使是一个乞丐，也要选择做一个自信的、有尊严的乞丐。

高手不多

肖　天

　　虽然我已经毕业 6 年了，事业也算是初露端倪，但是我仍一直牢牢地记着大学里的一句话，一句同班同学告诉我的话：高手不多。

　　那位老兄现居美利坚，我们一直保持着 E－mail 的联系，每当我提到这句金玉良言，他总是给我一个会心的微笑：你知道吗，这些年在老美，我也是靠着它勉励自己活下来的。

　　当年，他在班里总是独来独往可谓是默默无闻，其貌不扬，也没什么特长，更没有什么狐朋狗友来天天推杯换盏。好在他一进大学就抱定了一个目标：出国，因此所有的重心都在学习上，倒也落得个清静。可是学着学着，突然发现周围与他志同道合者甚众，比他努力用功者不少，聪明者、记性好者多多。别人替他发愁，劝之曰：你有什么优势去和这么多的人竞争，还是算了吧，别费这心了。而他总是笑而不答，继续背他的 ABC，做他的词汇题，不急不慢，一步一步，把自信写在脸上。

　　直到有一天，我正在为一时冲动报名参加的演讲比赛抓耳挠腮、后悔不已、信心全无时，他踱着方步过来了，冲着我嘿嘿一笑："兄弟，有什么好发愁的，记着哥哥我一句话，其实在你的周围，高手不多呀！"然后又对我意味深长的一

笑，口中念念有词地走了。

高手不多？还没来得及仔细参悟其中无限哲理的我，已经急急地开始了比赛前的准备。原本我就是一个比较内向的人，不太愿意与别人交流，特别是上了大学之后，觉得自己个子不高，长相一般，家境中等，背景不厚，看谁都比我强，我拿什么去和别人比呢？但是看着周围的同学在校园里意气风发、朝气蓬勃的样子，又很是羡慕。就对自己说，既然想了为什么不去做呢？为什么不去努力地实现呢？他们能做的我一定也能做，因为我不笨呀！可是勇气老是和自卑打架，结果往往是我把勇气深深地压在了心底，低着头做原来的我。

而这一次，勇气终于历尽千辛压住自卑浮出水面，我在自卑与自信的较量中签字画押了，胜败在此一举。可是，我心里一点儿底也没有，慌慌的，没着没落。既然枪已上膛，那就只有闭着眼冲锋陷阵了。

接下来，我废寝忘食地搜集着各种资料，认认真真地写着演讲稿，并恭恭敬敬地请前辈们指教。没把那位老兄的指点当一回事的我，早就把"高手不多"的谆谆教诲抛在了一边。

终于到了我要站在演讲台上的那一天了。我清楚地记得我是第四个上场的选手。从第一位选手开始，坐在台下的我就紧张得手心不停出汗，轮到我时，全身已经湿透了（当然不排除，我这人特别爱出汗）。我不知道自己是怎么一步一步走上台的，手脚已经不再受大脑的控制了，因为那时脑子里满是怎么办、怎么办的问号。

好不容易站到了麦克风前，还没容我定一定心神，收收脑门上的汗，一睁眼，哎呀！蒙了。台下黑压压的一片，长这么大，还头一回有这么多的人看我。再看看周围，黑乎乎的演讲台上只有我孤孤单单的一个人。极度的恐惧从心底涌起，腿肚子止不住地转筋，汗更是不停地往外冒，脑子里一片空白。演讲？做了千万遍准备的内容早忘

得一干二净，连一个词也没给我留下。沉默的每一秒钟都像一个世纪那么长，我望着台下，台下也望着我，只有沉默。

我从未体验过那种无助的感觉，我连后悔都想不起来了。我知道此时没有人能够帮我，除了我自己。我努力地告诉自己，反正台已经上了，筋已经转了，汗已经出了，豁出去了，要丢丑就丢一回吧，人的一生哪有不丢丑的呢？

突然间，不知触动了哪根神经，那位老兄的嘿嘿笑容出现在我的脑海中，"高手不多"的四字箴言也渐渐突现。是的，高手不多！谁又知道前三位选手不是转着腿筋上台的呢？谁又知道他们不也是紧张害怕得出汗呢？他们和我并没有区别，他们演讲得也不过如此，谁又比谁差多少呢？

想到这儿，我已准备破釜沉舟了。张口之间，才想起词已经忘光了。忘了就忘了吧，我干脆来个即兴演讲，把这么多天来积累的知识做了个重新组合。就这样，我在那次比赛中得了二等奖。

这一开了头，便激起了我的万丈雄心，一发而不可收拾。原来我也可以做得很好，原来我不比任何人差，只要有自信、肯付出、肯努力。

那位老兄也在高手不多的境界中，一步一个脚印，有条不紊地执行着自己的计划，最后临毕业前在很多人不敢相信的目光中，飞向了大洋彼岸。

千万记住，在你周围，高手不多哟！

成长笔记

竞争如同打牌，我们的紧张有很大一部分原因是被对手桌面上的牌吓到了，实际上，等翻开底牌，我们就会感叹，不过如此！竞争时放手一搏，竭尽所能环顾四周，我们会发现，原来高手并不像想象得那么多。

独一无二的柠檬

罗 西

　　大学毕业后，我不走"包分配"的老路，直接到一家外企工作。这儿雇员很复杂，有香港人、台湾人，还有新加坡人……碰面时，他们都很客气地"Hi"一声；领工资时，如果谁掉了一张钞票在地上，都可以听得见它的声音，那种安静太冷了。

　　领工资是件开心至极的事，特别是我第一次领到薪水，想打开钱袋和大伙一起分享快乐。可是，他们却严肃地来，又肃穆地去，我只好傻傻地对着钱笑了……

　　后来才知道，每个人的工资及"红包"是不同的，谁也不想把老板对自己的"秘密"公开，也许只有我这个新人才会天真地期待与大伙一起放声地笑，坦然地交流。有时，他们也会三人一群，在洗手间里小声地商讨什么，等我大步流星地走进去时，他们马上又不说话了，各自点头做鸟兽散，我脸上肯定有一丝僵着的微笑。于是，我边"放松"边吹口哨，以示解嘲。

　　是不是因为我拥有学生式的热情，农民式的纯朴，进而成为他们的异类？

　　一种无法走近他们的落寞与孤独，令我很不开心。自己是不是做错了什么？还是因为太与众不同了？那种客气的冷漠和为了自我保护而保持的若即若离的距离，我真的受不了。

　　公司每个月最后一个周末，都举行一场派对，晚餐是雇员各自带去的一份食物，这种自助餐往往很丰富。第一次参加这种餐会，没什么经验，不知是带烤鸭好，还是带一瓶葡萄酒。正拿不定主意，妈妈说话了："带一个水果拼盘去，肯定会大受欢迎！"这似乎也合我意。于是，马上行动，买了一个特别的白色果盘，有斗笠那么大；还提了好几袋水果回家，有紫色的葡萄、粉红的海棠果、绿色的橄榄、褐色的猕猴桃，还有黄澄澄的柠檬……

　　拼盘的时候，妈妈只摆进去一个柠檬。我想都放进去，妈妈说，只放一个就好，它与其他水果不一样，不能太多，但不能没有它，你看，在它的映衬下，一盘水果一下子生动起来，情趣也出来了。

　　我点头赞叹母亲的巧手与慧眼。那个柠檬原来就是我当时处境的写照，妈妈没有点明，但她用一个柠檬勉励我，启发我，不要害怕与众不同，只要认定那是一种魅力，孤芳自赏又何妨?! 更何况，总有一天，人们会接受那种独具的感染力，因为每一个集体，都像一盘水果，彼此映衬中，人们会发现那枚柠檬的阳光般的色彩和真诚的芳香。

　　当天的聚餐会，只有我一个人带去水果，但最受欢迎。独具匠心的水果拼盘，还吸引了来自香港的总裁比尔先生的目光，他幽默地说："真不忍心吃它。"还特地用美酒敬我，并记下我这个普通职员的名字。

　　后来，我就被总裁点名去做"外联"，理由只有一个，我有创意和感染力。我喜欢这种挑战性的工作。接到第一个单子，也极富戏剧性，当时，我和同事阿达去拜访某公司的会计小姐，询问他们公司是否准备搞装修，是否需要我们公司的办公家具……会计小姐很客气

地告诉我们：对不起，本公司没这个计划！

我们很礼貌地退出，阿达还深深地鞠了一躬说"再会"，他说，这种人，不能得罪。

坐电梯下楼时，开电梯的阿姨对于我的微笑招呼似乎很惊讶，便主动与我聊了起来，我还很恭敬地递给她一张名片。同事阿达不屑地冷笑一下，转身支镜梳头。在他看来，我这是多此一举，无的放矢。当阿姨听说我们是来推销办公家具的，赶忙告诉我一个"风声"，说是前一天，总经理与副总经理在电梯里，谈到下个月决定大装修，还要添加不少办公设备……

于是，我马上决定上楼找总经理，阿达坚决不去，他说："你相信一个开电梯的老太太的话？"那好，我一个人去。最后见到了总经理，他十分惊诧："你怎么知道的？"第一个单子就这么拿下，总价达80万元。

我的热情，没有浪费。

从那以后，我不再为自己的本色而惭愧、不安、自责。"真实"比"做出来的真诚"更具说服力，也更可爱。月亮从不为自己不是星王而从天上掉下来，相反，它处于一种非常美妙的格局中：这便是众星拱月。那么，我决定继续做水果拼盘里的那个唯一的柠檬，独具芳香，又拥有阳光般的色泽；脱俗，却又与之浑然一体。

成长笔记

　　热情面对生活的人，生活才会向他敞开热情的怀抱。社会是人与人组成的有机体，真诚的沟通就能创造和谐的环境。努力在世俗中寻求善良的天性，用真诚感动你身边的每一个人，总有一天，你那柠檬般的独特芳香会感染你周围的一切。

我的苹果树

[美国] 罗纳德·贾格尔　何洦剑　译

那时我大约十岁。6月的一个晚上，我在门廊前发现了一棵不足12.7厘米高的与众不同的小树苗。虽然当时它只是一棵小小的秧苗，但爸爸却认定它是棵小苹果树。我一下子就喜欢上它了，并决定移栽它，将它当宝贝似的爱护起来，让它苗壮成长，我坚信等我长大成人并经营这片土地时，它定会为我结出累累硕果。

爸爸提议把它种在车道和花园间的一块空地上。他当晚就为我把树苗掘了出来并让我将它种在那片空地上。由于对果树知之甚少，我不知道由种子发育来的苹果树常常只结些很孬的果子，甚至根本不结果，反倒以为家中那些嫁接来的果树才会这样。即使爸爸当时知道这事，也不会来打击我的积极性。

当时我纯粹是凭着一股孩子气来照料我的苹果树，时而不管它，时而又很精心地护理它。它与杂草共生，而且又是那么合我家玻尔（干活的马）的口味，馋得玻尔一有机会就打它的主意，常把它啃得缺枝少叶。尽管如此，我还是兴奋地看到它一天天长得枝繁叶茂起来。

过了好些年，我的苹果树一直

只开花不结果。后来我才在一本高中教科书上看到，由种子长成的苹果树结的苹果往往又干又瘪，又苦又涩。这无疑是在给我泼了冷水，要是我早知如此该多好啊！不管怎样，它仍是一棵很好的树，我依然喜欢它，所以照书上讲的方法给它修了枝，这样至少看起来舒服些。后来我离家去上大学，渐渐地把它忘了。

转眼间我的苹果树结果了——起初慢慢地结，然后越结越多，越长越大，最后满树都是香甜诱人的大苹果。这些苹果既美味可口，又适合做上等的果酱和最好的苹果干，而且比家里别的树上结的果更不易遭病虫害。

一晃三五年过去了。我这棵苹果树，每年至少要结出 400 公斤上等苹果。每年秋天，树上的苹果散发出诱人的芳香，亲戚邻居就会来把成熟的果子从树上摇下来分享。

童年的梦想都已成真。这些年来它总算没有辜负我的一片殷切期望。其实当时，我并不知道自己在干什么。哪怕当时我有一丁点儿这方面的知识，都不会犯傻去移栽它，护理它。正是我这片痴情，才使它有了今天，才使这一天方夜谭般的栽培，终于有了收获。

成长笔记

成功往往来自于坚定的信念和坚持不懈的追求。付出总会有收获，不要让思想左右你的行动，不要使梦想如昙花一现，不要等到功亏一篑才悔恨自己的意志力不坚强，珍惜现在，努力为了理想而奋斗吧！

只有 5 条横街口的距离

〔美国〕雷因 王家域 译

　　25 岁的时候，我因失业而挨饿。以前在君士坦丁堡、在巴黎、在罗马，都曾尝过因贫穷而挨饿的滋味。然而在这个纽约城，处处充溢着富贵气氛，尤其使我感到失业的可耻。

　　我不知道怎么办，因为我能胜任的工作非常有限。我能写文章，但不会用英文写作。白天就在马路上东奔西走，目的倒不是为了锻炼身体，而是因为这是躲避房东的最好办法。

　　一天，我在 42 号街碰见一位金发碧眼的大高个子，立刻认出他是俄国的著名歌唱家夏里宾先生。记得我小时候，常常在莫斯科帝国剧院的门口，排在观众的行列中间，等待好久之后，方能购到一张票子，去欣赏这位先生的艺术。后来我在巴黎当新闻记者，曾经去访问过他。我以为他是不会认识我的，然而他却还记得我的名字。

　　"很忙吧?"他问我。我含糊地回答了他，我想他已一眼看明白了我的境

遇。"我的旅馆在第一百零三号街，百老汇路转角，跟我一同走过去，好不好？"他问我。

走过去？那时是中午，我已经走了5小时的马路了。

"但是，夏里宾先生，还要走60个路口，路不近呢。"

"胡说，"他岔着说，"只有5个马路口。"

"5个马路口？"我觉得很诧异。

"是的，"他说，"但我不是说到我的旅馆，而是到第六号街的一家射击游艺场。"

这有些答非所问，但我却顺从地跟着他走。一下子就到了射击游艺场的门口，看着两名水兵，好几次都打不中目标。然后我们继续前进。"现在，"夏里宾说，"只有11个马路口了。"我摇摇头。

不多一会儿，走到卡纳奇大戏院，夏里宾说，他要看看那些购买戏票的观众究竟是什么样子。几分钟之后，我们又开始前进。

"现在，"夏里宾愉快地说，"现在离中央公园的动物园只有5个路口了。里面有一只大猩猩，它的脸，很像我所认识的唱次中音的朋友。我们去瞻仰那只猩猩。"又走了12个路口，已经回到百老汇路，我们在一家小吃店前面停了下来。柜窗里放着一坛咸萝卜。夏里宾奉医生的嘱咐不能吃咸菜，于是他只能隔窗望望。"这东西不坏呢，"他说，"使我想起了我的青年时期。"

我走了许多路，原该筋疲力尽了。可是奇怪得很，今天反而比往常好些。这样忽断忽续地走着，走到夏里宾旅馆的时候，他满意地笑着："并不太远吧？现在让我们来吃中饭。"

在那席满意的午餐之前，我的主角解释给我听，为什么要我走这许多路的理由。"今天的走路，你可以常常记在心里。"这位大音乐家严肃地说，"这是生活艺术的一个教训：你与你的目标之间，无论有怎样遥远的距离，切不要担心。

把你的精神常常集中在五个街口的短短距离，别让遥远的未来使你烦闷。常常注意于未来 24 小时内使你觉得有趣的小玩意。"

屈指到今，已经 19 年了，夏里宾也已长辞人世。在值得纪念的那一天我们所走过的马路，大都已改变了样子，可是一直到现在，夏里宾的生活哲学，有好多次帮我克服解决了困难。

成长笔记

"志当存高远"，但不切实际的理想会让人陷入失落的境地。我们可以将大的目标分为若干个小目标，然后去一个实现，这样才能在不断的自我激励与成功中体味到生活的美好，最终突破那个最大的目标。

真实的谎言

杨丽红

那个冬天的雪下得天地间一片惨白。

李平常是在上第二节课时被他妈妈班上的两位叔叔接走的，两位神色凝重的中年男人匆忙间告诉我，李平常的妈妈在班上出了点事，接他去医院看看妈妈。李平常走出教室时还转过头来对我说："老师，把我中午的饭打出来，我回来吃饭。"

中午，那盒打出来的饭菜在我的办公桌上放到一丝热气也没有了，李平常也没有回来。

傍晚时，有消息传来，李平常的妈妈在医院里死去了。

由于班上大多数孩子的家长都在那个大型企业里工作，所以孩子们都知道了这个不幸的消息，大家在放学的时候围在李平常的空座位边，一脸悲伤，久久不肯散去。尽管李平常在班里是一个调皮鬼，常常做出让大家不高兴的事，可他没了妈妈，全班同学都为他难过得要命。

第二天早上，李平常来上学了，他显得很蔫，上课时老在那里愣神。下课时班长赵谨告诉我，李平常并不知道他的妈妈死了，他爸爸和他妈妈班上的人没有告诉他，大家都在瞒着他，因为他还有一个星期就过 11 岁生日了，赵谨的语气仿佛大人一般充满了哀伤，眼睛里闪着泪花，她说这是她听爸爸妈妈在家里做饭时说的。我无语，拍了拍她的

肩膀，示意她出去。我的心沉沉的，透过窗户看着李平常在操场上耷拉着脑袋蹲在那里玩沙子的样子，我的眼泪悄悄地落下来。

一个秘密行动在私下里紧锣密鼓地进行，大家决定给李平常过生日，孩子们买来种种能表达自己心意的礼物，悄悄商量着那个生日的程序和细节。李平常渐渐好起来，他对我说，他爸爸告诉他，妈妈抢救过来了，只是不能让他进去看，因为妈妈怕感染。他说这话的时候始终微笑着，我也冲他微笑，不住地点头，手摸着他的头，心里却一阵一阵地痛。

那个生日是在教室里过的，李平常一脸快乐的微笑，接过同学送上的礼物，全班同学也快乐得合不拢嘴。全班除了李平常真正快乐外，其他的人都是表面快乐，心里难过。除了当教师的，有谁会知道一群十一二岁的孩子把这样一个在成人看来也很难办的事搞得这样天衣无缝。这个生日已使他们学会了快乐着别人的快乐，痛苦着别人的痛苦了啊！

这个生日过后，李平常知道了事情的真相，我不知道他是怎样接受这令人五内俱焚的痛楚的，但他坚强地挺了过来。

那个生日该是他生命里的一个里程碑吧！

成长笔记

心灵是一只漂泊的船，而爱是心灵的避风港，是需要维护的。真心地付出你的爱，就能使痛苦的心灵重新获得力量，重新燃起希望，相信只有在相互扶持中，生命才会更精彩，幸福才会更长久。

大地上的足迹

包利民

　　韦伯是美国圣日公司一名普通的员工，一开始他还勤勤恳恳地做自己的工作，可是后来他发现在公司里像自己这样的人有上千个，想靠勤奋工作脱颖而出是难于上青天。于是他的热情锐减，每天漫不经心地打发着时光。

　　一天，公司派韦伯去城郊的一个农场送份材料。农场主是一个四十多岁的黑人。办理完公事后，这位黑人大叔问韦伯："小伙子，你在圣日公司干得怎么样啊？"韦伯苦笑着回答说："不是很好啊！我只是一名普通的员工，做着再普通不过的工作。公司里像我这样的人有上千个，就算我再努力，也不会有什么辉煌的业绩，更不用说什么前途了！"黑人大叔"呵呵"一笑，问："小伙子，你回头看看，能不能找到我们走过的足迹？"

　　此时二人正漫步在农场里的小路上，韦伯回头看了看，平整的路上根本没有一个脚印，于是他摇了摇头。黑人大叔说："找不到吧！其实我们的脚印已经留在了上面。最初这里是没有路的，只是走的人多了，他们的脚印重叠在一起，才成了路。在成千上万人走过的地方，是很难看到自己的脚印的！"

　　韦伯若有所思地点了点头，黑人大叔又说："我们去那边的田地里转转！"走在松软的土地上，他们身后留下了两行深深的足迹。黑人大叔意味深长地说："你看，只有在别人没有涉足的地方，甚

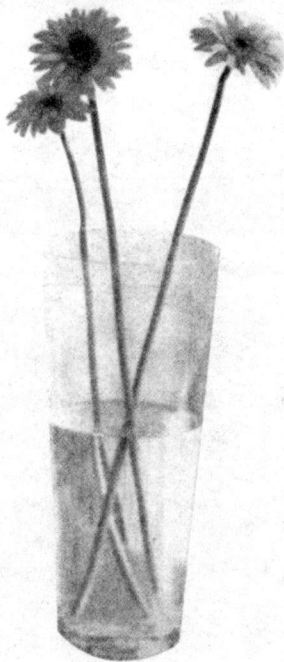

至是在泥泞之中行走，才会留下深深的脚印啊!"韦伯的心里一震，忽然就涌起了一种前所未有的激情。

回到公司后，韦伯就像变了一个人，他在工作中创新求变，时常提出一些全新的观点和建议，使得公司上下对他刮目相看。他不断得到重用和提升。15年后，他成了圣日公司第四任总经理。

沿着千万人走过的路行走，永远不会留下自己的脚印，只有行走在无人涉足的艰难境地，生命才会留下深深的印痕。

成长笔记

做巍巍青山中最巍峨的一座；做洁白浪花中最闪亮的一朵；做熠熠群星中最灿烂的一颗。拾人牙慧不是成功之道，而应求变、求新，在前人未曾涉足的领域走出自己坚实而无悔的脚步。

淡　交

蒋光宇

　　宋朝王谠的《唐语林》记载了这样一个故事：

　　有个叫崔枢的人去汴梁赶考，同一位南方商人住在一起达半年之久，两个人成了非常要好的朋友。后来，这位商人不幸得了重病，临终前对崔枢说："看来，我的病是治不好了。按我们家乡的风俗，人死了要土葬，希望你能帮我这个忙。"崔枢答应了他的请求。

　　商人接着又说："我有一颗宝珠，价值万贯，愿奉送给你。"崔枢怀着好奇的心接受了宝珠。可事后他仔细一想，觉得不妥，怎么能接受朋友这么贵重的礼物呢？商人死后，崔枢在安葬他时，不露声色地把宝珠也一同放进了棺材，葬入了坟墓。

　　一年后，商人的妻子从南方千里迢迢来寻夫，并追查宝珠的下落。官府派人逮捕了崔枢，他却坦坦荡荡、毫无惧色。他心平气和、胸有成竹地说："如果他的墓没有被盗的话，宝珠一定还在棺材里。"于是，官府派人挖墓开棺，宝珠果然还在棺材里。由于崔枢的品质出类拔萃，官府极力地挽留他做幕僚，但他不肯。第二年，崔枢考中进士，后来出任主考官，一直享有清廉的美誉。

　　不难想象，假如崔枢带走了宝珠，商人的妻子又不知实情，告他"谋财害命"，恐怕他有口也难辩了。

官府追查下去，他和商人的友谊就可能另当别论，史书中也就不会留下葬宝珠的美谈了。

与崔枢葬宝珠的故事相比，李勉葬黄金的故事也毫不逊色。

天宝年间，有一位书生旅途中暂住宋州。当时李勉年轻贫苦，与这书生同住在一家旅店。然而不到十天，书生急病发作，很快就生命垂危了。书生临终前对李勉说："我家住在洪州，准备到京城去复职，可才到这里就病得不行了，这大概是天命吧。"随后，他拿出黄金百两，递给李勉，说："我的仆从不知道我带了这么多金子。先生为我办完后事，余下的金子就赠送给你了。"等到办完丧礼，李勉把剩下的黄金一同埋进墓中，一点也没留。

几年后，李勉在开封为官，那书生的弟弟沿路寻找书生的下落。到了宋州，得知当时是李勉主办的丧事，就专门到开封府拜访李勉，顺便打听黄金的下落。李勉请了假，到书生的墓地取出黄金，交给了书生的弟弟。

历史是现实的一面镜子。朋友之间物质上的往来，在彼此真诚互助的基础上，当然可以，也是人之常情。即使有些很贵重的礼物，有时也可以接受。但是，这种物质往来必须掌握好一定的度。如果超过了特定条件下的限度，就很可能播下祸患的种子。

"君子淡如水，岁久情愈真。"这句话，是经得起时间考验的至理名言。

成长笔记

"君子之交淡如水"，真诚互助才能获得宝贵的友谊，才是人性中的珍宝。物质固然能使人身体受益，让人快活一时，但真正的快乐却是来自心灵深处的，那才是快乐的源头。

再走半步

游宇明

你听说过"高尔丁死结"吗？据说当初制造这个死结的人设定：谁解开了这个结，便让他做亚洲王。成千上万的人费尽九牛二虎之力，都没有实现自己的愿望。智勇双全的亚历山大决定不惜一切代价解开这个结，可是他用了许多办法都没有奏效，突然他心头一亮："我不能总走别人的老路。我得自己想个办法把这个结弄开。"于是，他挥起手中的宝剑，将结分为两半。这时，一个纸团滚了出来，上面写着："无论多么难做的事，只要你善于用自己的智慧和办法，都可以做成。祝贺你，伟大的亚洲之王。"后来人们才知道，这是一个"无头结"，除了用利刃割开，再无办法。

还有一个故事也能给我们一些启示。一天，一位犹太商人走进一家银行贷款部，大模大样地坐了下来。"请问先生，您有什么事需要我们效劳吗？"经理一边小心翼翼地询问，一边打量着来人的穿着：名贵的西服，高档的鞋，昂贵的手表，还有镶宝石的领带夹子……"我想借点钱。""您想借多少？""一美元。""只借一美元？"经理大吃一惊，这是银行建立以来从未有过的低额贷款数字。"难道客人在试探我们的工作质量和服务效率？"于是经理装出高兴的样子说："只要有担保，无论借多少，都可以。""好吧，"犹太人从豪华皮包里取

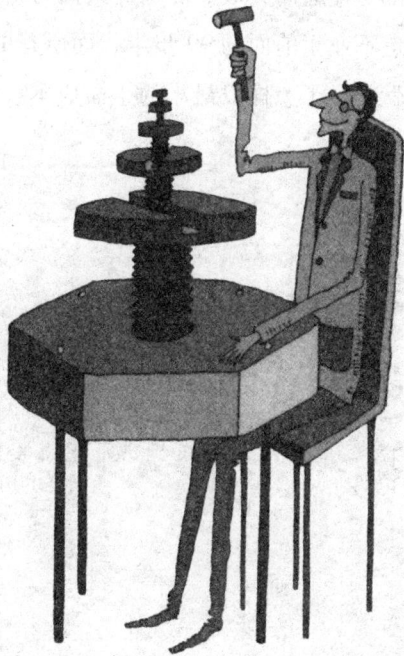

出一大堆股票、国债及其他债券放在经理的办公桌上，"这些做担保可以吗？"经理清点了一下："总共 50 万美元，足够了。不过，先生，您真的只借一美元吗？""是的。"犹太人面无表情。"好吧，年息 6%，一年后您归还一美元，我们就把这些股票和证券还给您……""谢谢！"犹太商人办完手续，起身离去。经理终于忍不住从后面追了上去："先生，我实在弄不懂，您拥有 50 万美元的证券，怎么只借一美元呢？""既然您这样热情，我不妨把实情告诉您，我是到这儿办事的，可这些票证放在身上不太安全，而几家金库的保险箱租金又太昂贵了。所以我就把它们以担保的方式放在贵行，而这最多也不过交 6 美分的利息……"

亚历山大和这位犹太商人都可归入成功者之列，他们之所以能够获得成功，最根本的原因在于他们敢于在别人的基础上"再走半步"，尝试他人没有尝试过的事物。正是这种敢为天下先的精神使他们突破了事业的瓶颈，发现了生活的新天地。

让自己"再走半步"吧！如果把成功比做 100 步路的话，一个人走到 99 步半偃旗息鼓与一个人一步都不走，其实并没有本质的区别，因为两者的结果都一样通向失败。聪明的人懂得再走半步，他们知道，这最后半步的价值，一点不亚于前面的 99 步半，而所花的代价却要少得多。学会了"再走半步"，你就学会了怎样以最小的生命成本换取最大的人生效益。

成长笔记

当事情陷入千头万绪的困境中时，也许快刀斩乱麻是最好的解决办法。但是，如果我们能在"山重水复疑无路"时，勇敢地向前再迈出坚实的一步，也许"柳暗花明又一村"的豁然开朗就在那一步之后。

上帝的盒子

奥 古

我手上拿着上帝给的两个盒子。他说："把你所有的悲伤放进黑色盒子里，所有的快乐放进金色盒子里。"我按照他的话做了，在两个盒子里存放了我的快乐和悲伤。然而，虽然每天金色盒子的重量都有所增加，但那个黑色盒子却轻如以前。带着好奇心，我打开黑色的盒子，想弄清楚缘由。我看到，盒子底部有一个洞，我的悲伤从那儿漏掉了。我让上帝看那个洞，若有所思地说："我想知道我的悲伤去哪儿了。"他温柔地笑着说："我的孩子，它们都在我这儿呢。"于是，我问上帝，为什么给我这两个盒子，为什么一个是金色的，另一个是黑色有洞的。上帝回答说："我的孩子，金色的盒子是让你珍存福分的，黑色的盒子是让你释放悲伤的。"

成长笔记

让生命满载幸福，让悲伤随风轻逝，放下心中的重荷，不必时时回忆忧伤烦恼的岁月，背起幸福的行囊，畅行于人生之路，寻觅一路花香……

上帝没这个意思

刘燕敏

一位父亲带儿子去参观凡·高故居，在看过那张小木床及裂了口的皮鞋之后，儿子问父亲："凡·高不是位百万富翁吗？"父亲答："凡·高是位连妻子都没娶上的穷人。"

第二年，这位父亲带儿子去丹麦，在安徒生的故居前，儿子又困惑地问："爸爸，安徒生不是生活在皇宫里吗？"父亲答："安徒生是位鞋匠的儿子，他就生活在这栋阁楼里。"

这位父亲是一个水手，他每天往来于大西洋各个港口。他的儿子叫伊尔·布拉格，是美国历史上第一位获普利策奖的黑人记者。

20 年后，在回忆童年时，他说："那时我们家很穷，父亲靠出卖苦力为生。有很长一段时间，我一直认为像我们这样地位卑微的黑人是不可能有什么出息的。好在父亲让我认识了凡·高和安徒生。这两个人告诉我，上帝没有这个意思。"促使他走向成功的无疑是那两位出身贫寒的名人。

从这个故事，你是否发现这样一个事实：造化有时会把它的宠儿放在下等人中间，让他们操着卑微的职业，使他们远离金钱、权力和荣誉，可是在某个有意义有价值的领域却让他们脱颖而出。

在现实生活中，我常看到这样的人，他们常因自己角色的卑微而否定自己的智慧，因自己地位的低下而放弃儿时的梦想，有时甚至为被人歧视而消沉，为不被人赏识而苦恼。这是一个多么大的错误啊！其实造物主常把高贵的灵魂赋予卑微的肉体，就像我们在日常生活中，总爱把最贵重的东西藏在家中最不起眼的地方。

成长笔记

卑微的出身、贫穷的家境并不能成为阻碍凡·高、安徒生等人获得成功的障碍。一个人是否有价值与身旁的这些附属品无关，因此，我们不应因自身的渺小而放弃远大的理想，要知道，卑微的躯体里有着高贵不屈的灵魂，正如丑陋的蚌壳里藏着温润明亮的珍珠。

静谧中的礼仪

白 兰

在澳大利亚的许多公共场所，家长们对子女经常要做这个动作：将右手食指放在嘴上"嘘——"这时，哪怕最好动的孩子，也会立刻安静下来。

其实，从孩子咿呀学语起，澳大利亚的家长便开始了"公众场合不能高声大嗓，以免影响他人"的教育。但孩子有时高兴起来可能忘记这一训诫，这时，家长的提醒就显得十分必要。有一次，我正在华人聚居区的坎布斯图书馆翻看《小熊维尼》画册，一位金发碧眼的小男孩上前对我说了一句话，声音小得近乎耳语，我听了两遍也没明白。"这本书您看后请交给我。"也许是他重复时稍稍提高了嗓门，他的妈妈便做了一个"嘘"的动作，男孩当即缄口，改用手势，直到我明白为止。

这种场景在澳大利亚随处可见。记得刚刚落户悉尼郊外贝尔蒙镇的一幢双层公寓楼时，由于还没进入"异国他乡"的特定角色，进进出出仍像在国内时那样爱哼唱。那日，正哼着《铃儿响叮当》走下楼梯，却见楼下的英裔老太太惊异地从屋里探出头来，

随即，她腋下又钻出两个好奇的小女孩，这时，我方才醒悟"吵着邻居了"。马上掐断了歌声。

难怪老太太莫名惊诧，虽是近邻，但平日里，我们绝对听不到她那两个活泼可爱的孙女高声说话（当然也包括她），除在草坪上追逐玩耍时"放声"外，其余时间竟如"人间蒸发"似的悄无声息。据老太太说，为使孙女养成良好习惯，她把英国女王伊丽莎白致孙女的"行为礼仪"张贴在自家墙上，要求两个孩子参照执行。这些条款多达 32 项，但印象最深的，还是有关"声音"的规范，比如"就餐时，咀嚼食物尽可能闭合嘴，不发出大的声响，不高声说笑，不可嘴里塞满食物同时说话"；"进入安静场所脚步要轻，避免在公共场所大声说话、咳嗽或发出很大的声音"等等。

如此的家教影响，使"公共场所高声说话会侵犯他人权益"的观念，逐渐融入孩子们的血液，即使他们单独外出，也能自觉控制声响。某日我们在麦当劳就餐，只见一群孩子正举行生日聚会。温馨的祝福、美丽的蛋糕、摇曳的烛光、尖尖的生日礼帽、花朵般绽放的笑脸都给人以强烈的视觉冲击。但有趣的是，联欢会没有"响"声，孩子们用手势和眼神"交谈"着，还不时以水代酒碰杯祝贺，偌大的餐桌上竟听不到什么声音，如果不是服务小姐邀请在场的顾客与他们同唱生日歌，祝贺"小寿星"的生日，你会误以为这是一群聋哑孩子呢。

由于成年人的言传身教，孩子们一旦被噪音"侵扰"，也知道自我保护。年初，我们那条街搬来一户韩国人，为庆祝乔迁之喜，他们在自家花园里举办了一次盛大的露天聚会，远近的韩国侨民带着礼物前来道贺。主人殷勤，客人高兴，大家在大草坪上

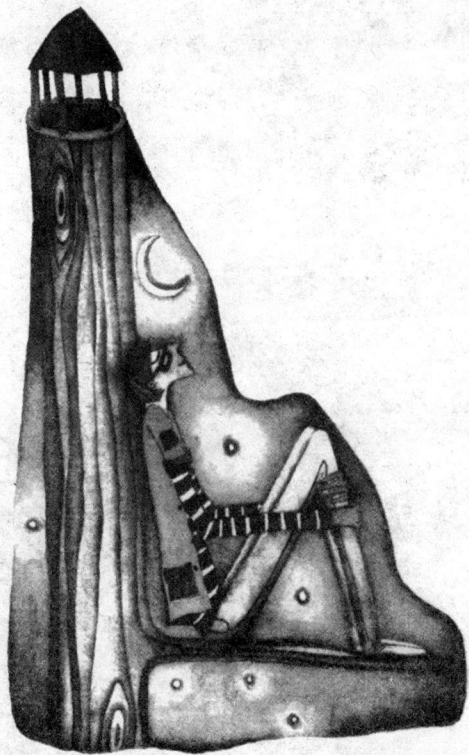

载歌载舞，喝酒聊天，气氛热烈得就像开了锅的水。谁知晚上 10 时刚过，便听到尖厉的警笛声由远而近，韩国人因"噪声污染"影响左邻右舍的正常生活，被带到警署罚款，并写下保证书后才被放回。事后得知，原来是韩国人的小邻居——12 岁的孩子查理报的案，"我明天清早还要上学，你侵犯了我的休息时间，我不能不管！"

"嘘——"虽然只是一个小动作，却折射出澳大利亚人在公众场合不干扰他人的家教理念。从大的方面说，它有利于社会生活的有序进行，从小的方面看，它是孩子们成长历程中的道德教化。尽管"国与国不同，花有几样红"，但我们的家长们是否也可以学学这种方式，以养成孩子们在公众场合不干扰他人的良好习惯。

成长笔记

对于真正有修养有礼貌的人而言，他们只是很自然地做着他们觉得应该做的事情，却给人以文雅舒心之感。所以说，修养和礼貌不是说出来的，而是体现在我们一举一动之中的。

捐　　诚

青　白

　　我在加拿大学习期间遇到过两次募捐，那情景至今使我难以忘怀。

　　一天，我在渥太华的街上被两个男孩子拦住去路。他们十来岁，穿得整整齐齐，每人头上戴着个做工精巧、色彩鲜艳的纸帽，上写着"为帮助患小儿麻痹的伙伴募捐"。其中的一个，不由分说就坐在小凳上给我擦起皮鞋来，另一个则彬彬有礼地发问："小姐，您是哪国人？喜欢渥太华吗？小姐，在你们国家里有没有小孩患小儿麻痹？谁给他们付医疗费？"一连串的问题，使我这个有生以来头一次在众目睽睽之下让别人擦鞋的异乡人，从近乎狼狈的窘态中解脱出来。我们像朋友一样聊起天来。擦完鞋，我问该付多少钱，他们说："给多少都行。""5分也行。"其中一个补充道。当我把5加元放到他们胸前的布袋里时，他俩争着用稚嫩、优美的童音大声说："谢谢您，非常感谢！我们希望有一天能去你们美丽的国家旅游。"一边说一边把一个红白两色的脚印形纸牌别在我的衣服上，并告诉我：其他孩子们见到这个标志就知道你已经捐过了，不会再给你擦鞋了。回住处的路上，我看见

许多人胸前都佩着这个小小的脚印。到处都有女孩子冲我们说"谢谢"。我觉得她们的笑容好像融进了路旁盛开的花香；她们的声音好像来自天堂。

几个月之后，也是在街上，很多十字路口或车站都坐着一些老人。他们满头银发，身穿各种老式军装，上面布满了大大小小、形形色色的徽章、奖章，每人手捧一大束鲜花，有水仙、石竹、玫瑰及叫不出名字的，一色雪白。匆匆过往的行人纷纷止步，把钱投进这些老人身旁的白色木箱内，然后向他们微微鞠躬，从他们手中接过一朵花。我看了一会儿，有人投一两元，有人投几百元，还有人掏出支票填好后投进木箱。那些老军人们毫不注意人们捐多少钱，一直不停地向人们低声道谢。同行的朋友告诉我，这是为纪念二战中参战的勇士，募捐救济残疾军人和烈士遗孀，每年一次。募捐的人非常踊跃，而且秩序井然，气氛庄严。有些地方，人们还耐心地排着队。我想，这是因为他们都知道：正是这些老军人的流血牺牲换来了包括他们信仰自由在内的许许多多。

有人说，帮助比自己弱小的人，会获得一种心理满足。可我两次把那微不足道的一点钱捧给他们，感到的是我想对他们真诚地说声"谢谢"。

成长笔记

捐赠不仅仅是对别人的怜悯与施舍，也是让自己净化心灵，学会感恩的最佳方式。文中，对小儿麻痹儿童的救济，是"我们"爱心的传递；对残疾军人的捐款，是"我们"义不容辞的报恩。正如切·格瓦拉所说："在别人的苦难面前，我怎能转过头去！"

真诚带来好运

周 忠

拍卖场上，一幅不起眼的画

有一位富翁在孩子很小的时候失去了妻子。于是他请了一位管家来当儿子的保姆，并且料理其他的家务。当这个小男孩长到十几岁时，突然生了一场大病，不治而逝。这个富翁经不住两度失去家人的打击，不久之后，也因过度悲恸而与世长辞。

富翁并没有留下遗嘱，也没有亲戚尚在人间，于是政府便根据法令将这位已故富翁的财产充公，并且拍卖他的遗物。

富翁的老管家是个穷人，但她决定买下一件遗物作为纪念，那是一幅挂在楼梯走道墙壁下的油画——上面画着她照顾了15年的最亲爱的小主人，这幅画多年以来都不曾取下。

屋子内的物品被拍卖得并不多了，但没有人要那幅与己无关的画，因此老管家得以用很便宜的价钱将它买下。她把它带回家，打算仔仔细细地将它清理装裱一下，因为她十分珍惜这幅画带给她的回忆。

就在她将画框拆开准备修理时，从画

像纸板的背面掉出一张纸来。她打开来，是她主人的遗嘱！

在遗嘱中，她的主人希望将他所有的财富送给那个因疼爱他的儿子而想要拥有画像的人。

风雨夜里，一间改变命运的屋

经济学告诉我们，最稀缺的东西最值钱。商业活动中什么最稀缺呢？古往今来无例外的，真诚是最稀缺的。

很多年前，在一个暴风雨的夜晚，有一对老夫妇走进旅馆的大厅到前台订房。

"很抱歉，"前台里的人回答说，"我们饭店已经被参加会议的团体包下了。往常碰到这种情况，我们都会把客人介绍到另一家饭店，可是这次很不凑巧，据我所知，另一家饭店也客满了。"

他停了一会儿，接着说："在这样的晚上，我实在不敢想象你们离开这里却又投宿无门的处境，如果你们不嫌弃，可以在我的房间住一晚，虽然不是什么豪华套房，却十分干净。我今晚就待在这里完成手边的订房工作，反正晚班督察员今晚也不会来了。"

这对老夫妇因为造成前台服务员的不便，显得十分不好意思，但是他们谦和有礼地接受了服务员的好意。第二天早上，当老先生下楼来付住宿费时，这位服务员依然在当班，但他婉拒道："我的房间是免费借给你们住的，我全天待在这里，已经赚取了很多额外的钟点费，那个房间的费用本来就包含在内了。"

老先生说："你这样的员工，是每个旅馆老板梦寐以求的，也许有一天我会为你盖一座旅馆。"

年轻的前台服务员听了笑了笑，他明白老夫妇的好心，但他只当它是个笑话。

又过了好几年，那个柜台服务员依然在同样的地方上班。有一天他收到老先生的来信，信中清晰地叙述了他对那个暴风雨之夜的记忆。老先生邀请前台服务员到纽约去拜访他，并附上了往返机票。

几天之后，他来到了曼哈顿，于坐落在第五大道和三十四街间的豪华建筑物前见到了老先生。

老先生指着眼前的大楼解释道："这就是我专门为你建的饭店，我以前曾经提过，记得吗？"

"您在开玩笑吧！"服务员不敢相信地说，"都把我搞糊涂了！为什么是我？您到底是什么身份呢？"年轻的服务员显得很慌乱，说话略带口吃。

老先生很温和地微笑着说："我的名字叫威廉·渥道夫·爱斯特。这其中并没有什么阴谋，因为我认为你是经营这家饭店的最佳人选。"

这家饭店就是著名的渥道夫·爱斯特莉亚饭店的前身，而这个年轻人就是乔治·伯特，他成为这家饭店的第一任经理。

尽可能真诚地帮助更多的人赢得成功，成功就会来陪伴你。生活常常就是这样。

成长笔记

好运是个古怪的东西，它时刻围绕着我们，只有那些真诚待人的人，才有可能见到它。这就是所谓的"有心栽花花不开，无心插柳柳成荫"。

偶尔可以牵着蜗牛散步

章晴雨

有个人讲了一个笑话：上帝给我一个任务，叫我牵一只蜗牛去散步。我不能走得太快，蜗牛已经尽力爬，每次总是挪那么一点点。我催他，我唬他，我责备他，蜗牛用抱歉的眼光看着我，仿佛说："人家已经尽了全力！"我拉他，我扯他，我甚至想踢他，蜗牛受了伤，他流着汗喘着气往前爬。真奇怪，为什么上帝叫我牵一只蜗牛散步？"上帝啊！为什么？"天上一片安静。好吧！松手吧！反正上帝不管了，我还管什么？任蜗牛往前爬，我在后面生闷气。咦？我闻到花香，原来这边有个花园。我感到微风吹来，原来夜里的风这样温柔。慢着！我听到鸟声，我听到虫鸣，我看到满天明亮的星斗。咦？以前怎么没有这些体会？我忽然醒悟，莫非是我弄错了！原来上帝是叫蜗牛牵我去散步。

你找到你的蜗牛了吗？偶尔出去散散步吧！

停的时候，是为了欣赏人生，在欧洲阿尔卑斯山中，一条风景很美的大道上挂着一条标语，写着："慢慢走，请注意欣赏！"

有个好莱坞的歌手，曾经说了一些很让人感慨的话。他说："当我年轻的时候，急急往山顶上爬，就像参加赛跑的马，带着眼罩拼命往前跑，除了终点的白线之外，什么都看不见。我的祖母看见我这样忙，很担心地说：'孩子，别走得太快，否则，你会错过路上的好风景！'

"我根本不听她的话，心想：一个人，既然知道要怎么走，为什么还要停下来浪费时间呢？"

"我继续往前跑，一年年过去了，我有了地位，也有了名誉和财富，还有一个我深爱的家庭。可是，我并不像别人那样快乐，我不明白我做错了什么。"

这位歌王继续说："有一次，一个歌舞团在城外表演，我是主角，表演完了，观众的掌声久久不停。这一次表演很成功，我们都很高兴。可是这时候有人递给我一份电报，是我妻子发来的，因为我们的第四个孩子出生了。突然，我觉得很难过，每一个孩子的出生，我都不在家，我的妻子独自承担着养育孩子的辛苦。

"我从来没看过孩子们走第一步的样子，他们天真的哭、笑，我都没听过，只有从母亲那里，得到间接的描述。"

"我想起祖母对我说的话——的确，我和我的朋友也疏远了，我好久没去摸书本，或者看看花园里的树木。我曾经答应和妻子一起去度假，却总因为忙碌而取消。"

有一位哲学家说："单凭思想而不劳动，当然不能生活，但一生像机器一样不停地转，那更加没有意义。"

我们不必把每天的时间安排得紧紧的，总要留下一点空间来欣赏一下四周的好风景，做一做自己的主人，这才是重要的事。

我们想走的时候就走，想停的时候就停，随心所欲地去发现乐趣和值得珍惜的东西。

既然有机会来到这个多彩多姿的世界，就应该像一个旅行家，不仅要跋山涉水，走完我们的旅程，更要懂得欣赏、流连。

走的时候，是为了另一个境界；停的时候，是为了欣赏人生。

成长笔记

生命不是匆匆而过的征程，不是追逐利益的舞台，而是我们真心感悟人生的过程。牵着蜗牛散步，其实就是放慢我们前进的脚步，细心关注并学会欣赏人生，才有坚定我们对于希望的信念，发现生命中真正美丽的东西。

傲慢、天堂与地狱

谢明渊

"谦受益，满招损"，这是个几乎人人都知晓的道理。然而，越是明明白白的道理，真正做起来就越不容易。这与人强烈的表现欲有关，也与人的品德修养有关。唐朝有个名扬天下的大将郭子仪，他任朔方节度使时，击败"安史之乱"的史思明，后又收复了长安、洛阳，因而晋升为中书令（相当于宰相）。他常去佛寺拜访禅师，以一个平凡的佛教徒自居。有一天，郭子仪在探访禅师时提了这样一个问题："请问师父，佛教是如何解释傲慢的？"

禅师听了这句话，忽然变了面孔，一脸怒气，双眼一瞪，以一种极其傲慢的态度冲这位宰相喝问道："你这个呆头在说什么胡话？"

刹那之间，所有在场的人都惊呆了：郭子仪乃"一人之下万人之上"的相国，这和尚怎能用这种口气说话？对于这种突如其来的"侮辱"，郭子仪也无法忍受，他的脸上开始出现轻微但却很严肃的愤怒表情。恰在这时候，禅师又恢复了先前那慈祥的面容，微笑着对郭子仪说："大人，这就是'傲慢'。"

这使我又想起一个"天堂与地狱"的故事。故事发生在一位日本禅师和一位日本武士之间，这天，名叫信重的武士向名叫白隐的禅师请教说："真有地狱和天堂吗？你能带我去参观参观吗？"

"你是做什么的?" 白隐禅师问。

答曰:"我是一名武士。"

"你是一名武士?" 禅师大声说,"哪个蠢主人会要你做他的保镖?看你的那张脸简直像一个讨饭的乞丐!"

"你说什么?" 武士热血上涌,伸手要抽腰间的宝剑,他哪受得了这样的讥嘲!

禅师照样火上浇油:"哦,你也有一把宝剑吗?你的宝剑太钝了,砍不下我的脑袋。"

武士勃然大怒,"喤"的一声抽出了寒光闪闪的利剑,对准了白隐禅师的胸膛。

此刻,禅师安然自若地注视着武士说道:"地狱之门由此打开!"

一瞬间,武士恢复了理智,觉察到了自己的冒失无礼,连忙收起宝剑,向白隐鞠了一躬,谦卑地道歉。

白隐禅师面带微笑,温和地告诉武士:"天堂之门由此敞开!"

不论是以"傲慢"来向郭子仪解释傲慢的禅师,还是这位用幽默生动甚至含了惊险的方式使武士懂得了"当你萌生行凶作恶之念时,你正向地狱迈进;当你谦卑慈爱时,你已身在天堂"的道理的禅师,除了智慧,他们都还有一种无私无畏的精神。如果看到宰相就奴颜婢膝,或看到武士就胆战心惊,还会是这样的结局吗?

成长笔记

　　虚空的谷穗总是昂首向天,只有饱满的谷穗才能俯视大地。谦虚不仅是一种品德,也是进取和成功的必要前提,因为谦虚的人经常会发现不足,从而能不断努力完善自我,弥补缺憾,成就梦想。

上帝的迷惘

少木森

那蔚蓝蔚蓝的童话的天空里肯定住着智慧的、无所不能的上帝。据老格林说，有那么一天，上帝到人间旅游，他疲倦了，想找一个住处，在路边有两所房子，一所又大又漂亮，住着富人；一所又小又破旧，是穷人的。他想到漂亮的房子里去过夜，就敲富人家的门。富人打开窗户，看见上帝的穿着朴素，不像有钱人，就说没有地方留外人住宿。上帝于是去敲穷人家的门，穷人马上打开小门，请他进去，拿出他们所有的东西，如煮山芋、羊奶等，请客人一起吃，穷人夫妻还把自己的床让给客人睡，他们铺上草睡在地上。

上帝非常感慨地发现了自己造物的不公平，让品德高尚的人受了穷，而让品德恶劣的人享受了富贵。回到天堂后，他把"创造之手"轻轻一翻，天底下的贫富状况立刻反转了。比如富人们走私贩假的，犯了事，抄了家，罚了款；炒股做期货的，血本无归；子孙不争气的，败坏了家业。总之，所有的富人都变成了穷人。而穷人中奖的、炒股的都发了横财；走私的、造假售假也一路顺风顺水。总之，所有穷人都成了富人。

过了一段时间，上帝又回到人间，这回他是巡视来了，他想看看那些新近富起来的富人是怎么接待他的。他同样看到了路边有两所房子，一所又大又漂亮，住着富人；一所又小又破旧，是穷人的。他想到漂亮的房子里去过夜，就敲这新富起来的富人家的门，富人打开窗户，同样因为

看见上帝的穿着朴素，不像有钱人，就说没有地方留外人住宿。上帝于是去敲刚刚穷下来的穷人家的门，穷人马上打开小门，同样请他进去，拿出他们所有的东西，如煮山芋、羊奶等，请客人一起吃，穷人夫妻还把自己的床让给客人睡，他们铺上草睡在地上。

上帝十分生气，没等回到天堂就把"创造之手"一翻，又把所有穷人变成了富人，而把所有富人变成了穷人。然而，当他再度去求宿时，得到的还是与原先那两次一模一样的结果。上帝迷惘了，以他超凡的智慧竟也不知道这是为什么，最终长长地叹一口气，说："钱，这个东西呀！"读童话的儿童对上帝的感叹很不以为然，告诉上帝应该说："人，这个东西呀！"

除了童话的天空里有活动着的上帝外，我们现实生活中是永远也别想撞上上帝来你家求宿的事儿。所以，我们谁都用不着担心上帝那"创造之手"会轻轻翻动一下，把我们变穷变富了，或者变成什么东西。你说，是吗？

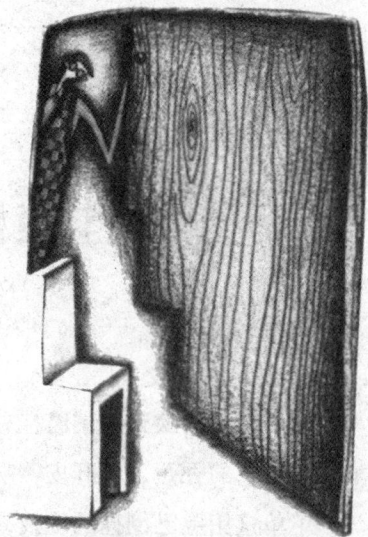

成长笔记

利欲熏染着世人之心，让人心着色，逐步迷失自我。急功近利地追求那有如浮云的财富。殊不知，我们正在为了一己之欲而沦落，从而放弃了人性中的真善美，抛弃了爱。让我们擦亮心灵，珍爱生活，切不要等有朝一日幡然醒悟时才知道已后悔莫及。

挂在树枝上的猿猴

黄明坚

动物园里的猿猴用尾巴挂着树枝，头在下，脚在上，用倒栽葱的姿势，接牢你丢给它的香蕉，剥开皮，吃得津津有味。

单单这用尾巴倒挂的绝技，人类就自叹不如。

有少数人学习瑜伽，到一个高深的阶段，也可以用头顶地，倒立半天。不过，倒立着，能不能接牢香蕉，慢慢享受，就大大令人怀疑。

直立的人类，自然也有一套直立式的思考方法。

譬如要成大功、立大业、头脑聪明、处事灵活、样样精通、事事明白。

这些目标，都好像是悬在高高竹竿顶端的旗帜，惹得人拼命往上爬，永远无法触及最高点。

其实，人类忘记了，直立并不是唯一的姿势。人还可以坐着、躺着、歪着、横着、靠着、倚着、撑着、向前弯、向后弯。偶尔，当然也可以倒立一下。姿势有多少种，思考的方法就有多少种。

直线是一种，普通的、常用的一种。除此之外，还有曲线、S形、L形、圆形、方形、螺旋状、破碎状、点状、星状。

两点之间，直线最短。

数学上的真理，只适用于数学，不一定适用于男人、女人、动物。

生活的有趣，就在于直线不多，而曲线不少。曲曲折折，弯弯转转，叫直线式的脑袋撞得鼻青脸肿。

曲线本来不易看分明，要想条条款款一一列出，更是天方夜谭。

唯一的办法，是向猿猴学习。装一条柔软弯曲的尾巴，打两个圈，挂上树梢。把脑袋朝下，好好端详这所谓的人类。倒着看，也许更清楚些。因为站着看不见的秘密，倒着看会看清。

正着、倒着、反着、绕着，能够从各种角度看世界的，才算是悟道并得道。

成长笔记

人类可以以万物为师，例如从倒挂的猿猴身上，我们就可以学到全面地、多角度地看问题，而每一个问题也不止有一种解决方法。灵活一点，换个角度想想，也许问题就会迎刃而解。

原　味

严展堂

　　有一位朋友吃牛排，总在未加酱之前，先切一小块，尝尝牛排的原味；喝咖啡时，习惯在放糖、奶精之前，先啜一口，尽管它是苦涩的。

　　认识小野已经很久了，他的第一部作品《蛹之生》曾经风靡多少莘莘学子，也吸引我阅读他的一部又一部作品。这些年来，显然他的关怀面更加广泛、切入点更加精准、技巧愈加圆融纯熟，但我对其热度似乎已退，是我移情别恋还是他的魅力稍减？答案，很久以后我才找到。

　　偶然在《中国时报》读到一篇沈君山教授评大陆围棋高手聂卫平今昔棋风之转变的文章：聂卫平这些年南征北讨、东征西战，将他的技巧磨炼得更加纯熟，经验更加丰富，下棋也就愈加稳重。但当年在北大荒，地处辽阔，百里不见人，而培养出独尊天地的霸气，已不复见。换句话说，失去了"原味"！

　　蓦然发现答案就是"原味"。就是"原味"两字，让我觉得小野离我愈来愈远，小野当然还是小野，只是已非当年我初认识的小野。更成熟后的小野，好比加入奶精和糖的咖啡，虽更容易入口，但我却怀念苦涩的咖啡原味。

　　记得有一个故事：

　　同学们都迷恋师大附近的辣牛肉面，有一次同他们一起去吃，见同学们个个涕泗纵横，直呼过瘾。

我问其中一位"好吃吗?"他边擦眼泪、边吸鼻涕地说:"辣得够味!"这才晓得原来同学们是被"辣"所迷惑,而忘了"原味"是牛肉面。

不否认佐料的作用,只是要调到恰到好处,很难!相信看过李安电影《饮食男女》的人,应不会忘记剧中郎雄饰演大厨的角色。一个好厨师,必定要有敏锐的味觉,因为味觉关系着佐料调放的适度与否。佐料的不适当,会遮盖了原味,让菜变得不好吃;佐料若恰到好处,除能保持原味,更能诱发另一种风味。

在瞬息万变的世界,如何才能在待人处事方面逐渐圆融,却又不失去个人风格?如何在汲汲名利之时,尚能把持自己,保有一颗赤子之心,更保有自己的"原味"?

成长笔记

名,我所欲也;利,亦我所欲也。面对世俗的诱惑、情感的牵绊,如何能保持自己的原味,坚守底线?不抛弃原则,不放弃自己,真心体味生命,这才是保持心中净土的不二法门。

敬 启

　　本书的编选参阅了一些报刊和著作，由于多种原因我们未能与部分入选文章作者（或译者）取得联系，在此深表歉意。敬请原作者（或译者）见到本书后，及时与我们联系，我们将按国家有关规定支付稿酬并赠送样书。

联系方式

地　　址：黑龙江省哈尔滨市香坊区汉水路 110 号

邮　　编：150090

联 系 人：吴晶

电　　话：0451—55174988

编委会